国家重点研发计划项目 (2018YFC0807900) 资助
"双一流" 建设自主创新专项 (2018ZZCX05) 资助

小煤柱条件下煤自燃阻化封堵材料研究及防灭火实用技术

郑万成　刘超　编著

XIAOMEIZHU TIAOJIAN XIA
MEI ZIRAN ZUHUA FENGDU CAILIAO YANJIU
JI FANG-MIEHUO SHIYONG JISHU

吉林大学出版社
·长春·

图书在版编目（CIP）数据

小煤柱条件下煤自燃阻化封堵材料研究及防灭火实用技术／郑万成，刘超编著. —长春：吉林大学出版社，2021. 8

ISBN 978-7-5692-9019-6

Ⅰ. ①小… Ⅱ. ①郑… ②刘… Ⅲ. ①无煤柱开采-煤层自燃-防火整理-研究 Ⅳ. ①TD75

中国版本图书馆 CIP 数据核字（2021）第 200563 号

书　　名　小煤柱条件下煤自燃阻化封堵材料研究及防灭火实用技术
　　　　　　XIAOMEIZHU TIAOJIAN XIA MEI ZIRAN ZUHUA FENGDU
　　　　　　CAILIAO YANJIU JI FANG-MIEHUO SHIYONG JISHU

作　　者　郑万成　刘　超　编著
策划编辑　李承章
责任编辑　高欣宇
责任校对　刘守秀
装帧设计　左图右书
出版发行　吉林大学出版社
社　　址　长春市人民大街 4059 号
邮　　编　130021
发行电话　0431-89580028/29/21
网　　址　http://www.jlup.com.cn
电子邮箱　jdcbs@jlu.edu.cn
印　　刷　广东虎彩云印刷有限公司
开　　本　787mm×1092mm　1/16
印　　张　16.5
字　　数　270 千字
版　　次　2021 年 8 月第 1 版
印　　次　2021 年 8 月第 1 次
书　　号　ISBN 978-7-5692-9019-6
定　　价　98.00 元

前　言

　　为提高煤炭资源回收率，小煤柱开采工艺逐渐成为中厚煤层开采的主要采煤方式。巷道掘进以及工作面回采过程中，小煤柱在集中应力与采动应力叠加作用下，结构强度大幅降低，渗透率与漏风强度则显著增大，导致瓦斯超限爆炸或煤自燃等灾害危险性升高。对小煤柱以及邻近老空区破碎带进行有效封堵是防治小煤柱瓦斯与煤自燃灾害的关键，但目前矿井常用的水泥或黄泥等封堵材料凝固风干后易收缩皲裂且不具有煤自燃化学阻化特性，未能实现瓦斯与煤自燃灾害的协同防治。因此，针对上述问题，本书分别从小煤柱内部应力及塑性损伤范围演化规律、小煤柱裂隙发育对瓦斯与煤自燃复合灾害的影响机理、阻化封堵材料优选与制备、阻化与封堵性能测试以及现场工程应用试验等方面开展研究，揭示了小煤柱裂隙演化诱导瓦斯与煤自燃复合灾变机理并研制出兼备阻化与封堵特性的阻化封堵材料。获得的主要成果如下。

　　（1）基于现代计算机数值模拟技术，采用 FLAC[3D] 数值模拟软件，分别从横向与纵向两个层面分析了小煤柱两侧巷道掘进以及工作面回采过程中峰值应力的动态演变规律，确定了煤柱塑性损伤范围，并以此为基础推演出小煤柱内部裂隙的动态发育过程以及重点损伤区域。采用 ANSYS Fluent 数值模拟软件仿真模拟了小煤柱裂隙发育过程中气体在小煤柱、工作面采空区以及邻近老空区内部的运移规律，揭示了小煤柱裂隙发育对煤自燃与复合灾害的影响机理，并对比分析了小煤柱与邻近老空区注浆前后煤自燃与复合灾害危险区域面积，明确了小煤柱注浆封堵工作对防治灾害的必要性。

（2）针对单一的物理或化学阻化剂存在的优点及缺陷，提出将两者有机融合制备兼顾阻化与封堵双重特性的阻化封堵材料的概念。在材料选择方面，优选出兼具物理阻化与密封堵漏性能的高水材料作为物理阻化成分，并测试了其基础性能。同时，选择以多元受阻酚型抗氧剂为主抗氧剂、亚磷酸酯抗氧剂为辅抗氧剂制备而成的协效抗氧剂作为化学阻化成分，通过实验测试确定主、辅抗氧剂最优物质的量配比为 5∶2，并测试了其化学阻化性能。最后，将高水材料与协效抗氧剂进行复配，通过煤自燃模拟实验以及单轴抗压强度测试，得到了既满足材料阻化性能又兼具较强结构强度的协效抗氧剂与高水材料最优质量比为 1∶8。

（3）通过电子自旋共振波谱仪（ESR）、傅里叶变化红外光谱仪（FTIR）、气相色谱仪（GC）等仪器与煤自燃模拟试验系统联用，从自由基、官能团和标志性气体三个层面揭示了新型研制的阻化封堵材料抑制煤自燃的阻化机理，并与黄泥和 $MgCl_2$ 等传统阻化材料进行了对比测试分析，结果表明：阻化封堵材料可以动态清除煤自燃过程中产生的新生自由基，显著降低煤体内部自由基浓度；此外，阻化封堵材料还可以降低煤氧复合反应速率以及官能团自化学反应速率，进而实现抑制或延缓煤体自燃氧化功能；同时，阻化封堵材料兼顾物理阻化与化学阻化特性，能够在全温度段保持较高阻化性能，显著优于只具备物理阻化特性的水泥与黄泥。

（4）从宏观和微观两个方面探究了阻化封堵材料的裂隙发育特征，并对比分析了其与水泥、黄泥等材料在裂隙发育方面的异同点；通过试验测试结合理论分析，揭示了阻化封堵材料的封堵机理，并对其渗透性和堵漏风性能进行了测试。结果表明：阻化封堵材料内部结构较为致密，自然凝固风干过程中锁水能力较强，失水率较低，使其表面裂隙的尺度与数量均小于相同培养时间时的水泥和黄泥；此外，阻化封堵材料流动性好，渗透率高，能够深入封堵破碎煤体内部的裂隙与空隙，降低破碎煤体两端气体交换频率与漏风强度；同时，通过与水泥和黄泥的漏风对比测试实验，可以得到阻化封堵材料的封堵性能更强、封堵有效时间也更为持久的结论。

（5）以山西华阳集团一矿81303小煤柱工作面为试验工作面，考察了阻化封堵材料在该工作面瓦斯与煤自燃复合灾害的防治效果。试验结果表明：阻化封堵材料浆液注入小煤柱及邻近老空区煤体裂隙中后，短时间内迅速结晶凝固，有效封堵裂隙减少漏风，使得压差显著增加，O_2浓度显著降低；同时，阻化封堵材料兼具对煤自燃的物理与化学阻化效果，使其能长效抑制破碎煤体煤氧复合反应的进行，结合其优异的封堵性能营造的低氧环境，最终使得邻近老空区内破碎煤体自燃进程长期处于初始阶段，基本不具备自然发火危险性。

本书的成果不仅有重大的学术价值，而且有巨大的现场推广应用价值，对保障小煤柱工作面回采安全以及提升瓦斯与煤自燃复合灾害协同防治能力，具有重要的理论和现实意义。同时提供的防灭火技术及安全检查表能更好地指导煤矿现场安全生产工作。

感谢本书中所有引用文献，以及参考但未引用的各位著、编、译者。感谢吉林大学出版社相关工作人员为本书出版付出的辛勤劳动。

受作者水平所限，书中难免存在不足之处，恳请同行专家和读者批评指正。

著　者

2021 年 7 月

目 录

绪　论

一、背景及意义

《BP2020 世界能源统计年鉴》中数据表明:2019 年底世界已探明的化石能源储量构成中,石油、天然气、煤炭分别为 2 477 亿 t、1.988×10^4 m³、10 696 亿 t,储产比分别为 1、1.05、2.67[1]。这表明煤炭依然是地球上分布地域最广,蕴藏量最丰富的化石燃料。根据国家统计局 2021 年 2 月 28 日发布的《中华人民共和国 2020 年国民经济和社会发展统计公报》,2020 年我国能源消费总量折合标准煤为 49.8 亿 t,同比增长 2.2%,其中煤炭消费增长 0.6%,消费量占能源消费总量的 56.8%;煤炭来源方面,国内煤炭产量为 38.4 亿 t,同比增长 4.0%,国外煤炭进口量 3.04 亿 t,同比增长 1.5%[2],由此可见,煤炭资源在我国的一次能源消费中仍然占据主体地位,作为不可再生能源,在未来较长的时期内,煤炭作为中国主体能源的格局不会发生根本变化。因此,合理有序充分地开采煤炭资源,提高资源回采率,是当前我国煤炭行业亟须解决的问题。世界能源储量及我国能源消费构成如图 0-1 所示。

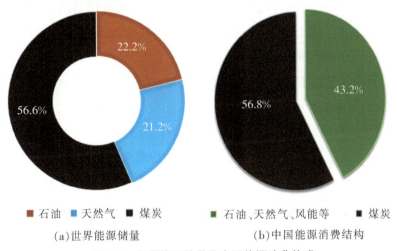

（a）世界能源储量　　　　　　　（b）中国能源消费结构

图 0-1　世界能源储量及中国能源消费构成

近年来,我国矿井安全生产状况持续好转,煤矿百万吨死亡率已从 2005 年的 2.711 下降到 2020 年的 0.058。但随着我国国民经济的持续快速发展,煤炭等能源的需求量不断增加,目前全国在籍煤矿的浅部可开采资源已接近枯竭,为了获取更多的煤炭资源,我国华北、华东等地区的很多煤矿已经转入深部开采。在综采综掘智能化等现代采矿设备的支撑下,矿井机械化程度不断提高,生产规模越来越大,相应的开采深度也不断加深,在山东、山西等地区的很多煤矿采深已超过 1 000 m,且还在以每年 10～30 m 的速度持续向下延伸[3-5]。采深的加大致使煤层瓦斯压力与地应力均明显增高,煤与瓦斯突出、瓦斯等有毒有害气体异常涌出、瓦斯爆炸、矿井火灾、冲击地压等事故频发,瓦斯与煤自然复合灾害[6-17]亦日趋严重,各类事故及灾害给煤炭开采企业带来了难以估量的损失,严重制约着煤炭企业乃至我国国民经济的健康发展。

为节约资源、增加煤炭开采量,最大幅度地提高煤炭资源回收率,小煤柱开采工艺逐渐成为中厚煤层开采的主要采煤方式[18-20]。小煤柱是煤矿沿空掘巷时与老采空区隔离的煤柱,一般认为小煤柱的宽度为 5～10 m。留小煤柱开采不仅能减少煤炭资源浪费,提高煤炭回采率,降低支护成本,增加煤矿的经济效益[21-27],而且还能改善沿空巷道围岩的应力环境,减少沿空巷道围岩的变形和冒顶、片帮等矿压事故的发生。小煤柱开采技术先后在山西晋能控股集团、山东能源集团、中国神华集团、陕西煤业化工集团等国有大公司均得到了广泛运用;我国西南地区可采煤层普遍较薄,为了增加矿井的服务年限,目前盘江煤电集团、四川省煤炭产业集团、云南省煤炭产业集团均在推广小煤柱开采技术。但小煤柱属于比较典型的卸压孔裂隙煤岩体,在巷道掘进及工作面回采过程中,小煤柱反复受到集中应力和采动应力的叠加作用,结构强度大幅降低,渗透率则显著增大,小煤柱受压破碎后长期漏风,可能导致小煤柱局部出现自然发火现象;同时由于小煤柱受压破碎后形成漏风通道,为邻近老空区瓦斯及其他有毒有害气体涌向工作面提供了路径,致使邻近老采空区与巷道间气体交换频繁,受漏风影响的采空区内的遗煤容易自然,甚至诱发瓦斯与煤自燃复合灾害。

据不完全统计,近年来我国在小煤柱开采工艺下发生的瓦斯与煤自燃灾害事故有 13 起,对矿井的安全生产造成了严重威胁。典型案例有:2013 年 3

月 29 日 21 时 56 分吉林省吉煤集团通化矿业集团公司八宝煤业公司 4164 东水采工作面上区段采空区漏风引起煤炭自然发火,导致采空区内瓦斯爆炸,造成 36 人遇难、12 人受伤;2013 年 4 月 1 日 10 时 12 分又发生瓦斯爆炸事故,造成 17 人死亡、8 人受伤。另一起典型事故是 2014 年 6 月 3 日 16 时 58 分,重庆能投集团砚石台煤矿发生一起造成 22 人死亡、7 人受伤的重大瓦斯爆炸事故;该起事故的直接原因是 4406S2 采煤工作面隔离煤柱与邻近的老采空区之间存在漏风通道、老采空区内积聚了大量达到爆炸浓度的瓦斯,煤炭自然发火引起瓦斯爆炸。甘肃天祝旭东煤业有限责任公司于 2015 年 1 月 5 日 5 时 50 分发生一起较大瓦斯事故,造成 4 人死亡、5 人受伤;主要原因是煤炭自燃引起老采空区内积聚大量 CO 气体,CO 气体从煤柱、密闭裂隙压出,高浓度的 CO 气体导致在 2809 回风巷内的作业人员中毒。2017 年 12 月 5 日宁夏羊场湾煤矿主采煤层 2 号煤 130205 工作面回风巷与 130203 工作面机巷的安全煤柱在 820 m 处发生自然发火事故,主要原因是留设的宽度为 6 m 安全煤柱受压破碎,长期漏风氧化后导致局部高温引起小煤柱自然发火。

综上所述,瓦斯与煤自燃灾害已经成为制约小煤柱开采工艺的推广应用及矿井安全高效生产的主要因素。因此,为预防小煤柱瓦斯与煤自燃复合灾害的发生[28-32],开发一种不但具有一定支撑强度,而且具有较好的流动性以及长效抑制煤自然发火的新型阻化与封堵材料,这对于增加小煤柱结构强度、封堵煤柱裂隙通道、抑制破裂煤柱自燃、降低小煤柱两侧漏风以及杜绝邻近老空区内瓦斯与煤自燃复合灾害具有重要的现实意义。

二、国内外研究综述

1. 小煤柱损伤失稳机理以及合理宽度确定研究

统计表明,我国使用井工开采的煤矿井巷总长度约 3.5 万 km,其中受采动影响的巷道约占总井巷长度的 85% 以上。通常而言,煤矿一般采用煤柱护巷的方式来减少采动对巷道的影响[33-35]。但随着采深的不断增加,原岩应力急剧增大,致使护巷煤柱的宽度也随之有较大幅度的增加。较宽的隔离煤柱不仅导致煤炭可采储量和采出率同步减小、巷道维护难度增大,而且在工作面回采过后容易形成应力集中区域,增加了下方布置巷道的维护难度,也不利于其防治水害、防治煤炭自燃以及煤与瓦斯突出等灾害。因此,从提高煤炭回采率、降低下方巷道维护难度以及防治灾害等方面考虑,选择小煤柱取代宽隔离煤柱势在必行。小煤柱开采煤岩体垮落示意图如图0-2所示。

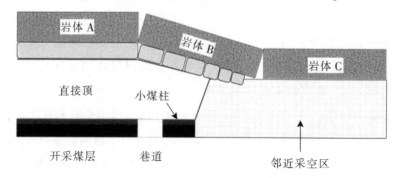

图 0-2　小煤柱开采煤岩体垮落示意图

　　沿空掘巷成功的关键在于合理选择隔离煤柱的位置与宽度,若预留的隔离煤柱过宽,则起不到提高煤炭开采率的目的,还可能增加下方巷道支护难度;若预留的隔离煤柱较窄,煤柱承压能力较差、破碎程度高、漏风量较大,容易导致采空区与巷道联通,造成遗煤自燃、瓦斯积聚及水患等灾害,不利于矿井安全生产。隔离煤柱的损伤破坏规律及影响范围是对预留煤柱宽度进行优化的关键[36],因此,采动扰动下煤柱内部应力演变规律与裂隙演化机制,并以此为基础所开展的隔离煤柱布设与最小宽度的确定一直是国内外专家、学者研究的热点与难点问题[37-45]。

　　在小煤柱应力演化及损伤失稳方面,国内外学者开展了大量研究,并取得了一定理论与技术成果[46-48]。郑西贵等[49]以淮南谢桥煤矿13216工作面为研究背景,通过理论分析结合 FLAC³ᴰ 数值模拟,研究分析了开采扰动对护巷煤柱的破坏机制以及煤柱宽度对应力分布的影响机制,认为煤柱受到掘巷扰动与超前采动的双重影响,在确定煤柱宽度时应充分考虑超前采动对煤柱的破坏程度。李新跃[50]以内蒙古矿区石拉乌素煤矿为研究背景,通过理论分析、物理计算与数值模拟相结合的方法,在煤柱结构体基本模型的基础上将应力分解及扭矩转化,构建了煤柱结构体位移模型,以此为基础提出了深部开采过程中小煤柱内部结构弱化渐进破坏理论,定义了煤柱结构体"失稳临界线"的概念,反演得到了应力扰动下的煤柱损伤破坏过程,明确了煤柱破坏危险特征,这为防止煤柱失稳及其引发的次生灾害提供了理论依据。王卫军等[51]通过理论分析认为小煤柱从原岩应力区跃迁到支撑应力区时内部应力状态产生极大改变,导致煤柱变形量大幅增加,内部原生裂隙被压密,但同时不断产生众多新生裂隙,裂隙不断扩展致使煤柱承载能力降低,最终诱发煤柱失稳及漏风加剧等灾害。

上述研究表明,小煤柱在采动影响下内部承载应力不断跃迁,导致煤体疲劳损伤断裂失稳,最终诱导瓦斯与煤自燃等灾害的发生。因此,确定合理的小煤柱尺寸也是防治瓦斯与煤自燃灾害的重要研究内容。目前,隔离煤柱的合理位置与宽度选择比较成熟的理论是渐进破坏理论和极限破坏强度理论两种,其中,极限破坏强度理论强调煤柱的破坏形式为瞬时破坏,认为当煤柱所受应力超过极限时,承载力全部降低为零。依照不同的破坏理论,极限强度理论则提出了刚性煤柱设计方式,而渐进破坏理论提出了屈服煤柱设计方法[52]。

在小煤柱布设位置与尺寸方面,波兰与苏联学者们认为在传统的 20~30 m 隔离煤柱宽度上适当减小煤柱宽度,不仅能够满足支撑顶板的结构强度,防止邻近老空区瓦斯与水进入巷道,还能减少巷道维护难度,提高煤炭回采率[53-54]。秦永洋、许少东等[55]通过计算机数值模拟对不同尺度隔离煤柱的围岩应力分布以及其内部塑性分布规律进行了模拟分析,基于此得到了不同尺度隔离煤柱巷道顶底板与两帮的塑性变形特征,揭示了巷道塑性变形机理,确定了隔离煤柱的最小尺寸为 8 m。柏建彪、侯朝炯等[56]学者通过数值模拟分析,提出了合理的窄煤柱宽度应能保证巷道变形量较小;窄煤柱的合理宽度是软媒 4~5 m,中硬煤 3~4 m。此研究成果在王庄煤矿 1306 综放面得到了成功应用。

小煤柱布设位置与尺度优化完毕后,虽然在一定程度上降低了应力跃迁对小煤柱的损伤破坏程度,但在采动反复扰动下,小煤柱边缘煤体仍会疲劳断裂产生大量裂隙。因此,采取合理措施对小煤柱强化加固是非常必要的。奥地利学者 Rabcewic[57]提出了新奥法,其主要原理为最大限度地利用围岩、煤柱的承载力,以喷射混凝土、锚杆以及锚网作为支护手段,及时加固围岩,阻止围岩大面积破坏以达到控制围岩稳定的目的。Salamon 等[58]提出了能量平衡理论,即利用支护结构自动调整围岩与支护之间的能量关系,最终达到平衡状态以保证围岩稳定。Gaddy 等学者将不同的煤种加工成实验室试块并测试其试块强度,通过大量对比实验后,他们将经过修正的试块强度应用于煤柱强度计算,提出了"Hollad-Gaddy"公式[59]。赵国贞、马占国等[60]学者在分析巷道围岩结构稳定性的基础上建立了分析模型,通过数值计算研究了复杂条件下小煤柱动压巷道的围岩变形规律。理论分析和工业性试验表明,对小煤柱分阶段注浆加固可增强煤柱的承载能力。

上述学者大多研究了如何确定小煤柱的合理留设宽度,探究了采动扰动下小煤柱应力演变机制,这对小煤柱损伤失稳理论及巷道支护作出了巨大贡献,但由于研究领域与技术手段的限制,未能完整地探索小煤柱两侧巷道掘进及工作面回采过程中小煤柱应力受载路径及裂隙发育的特征与规律,未能将小煤柱采动裂隙发育与瓦斯及煤自燃复合灾害致灾过程与发生机制有机融合,小煤柱破裂失稳机制与过程研究尚未与瓦斯与煤自燃灾变防控协同考虑。

2. 小煤柱及邻近老空区瓦斯与煤自燃危险区域预测研究

小煤柱损伤破碎过程中巷道与邻近老空区间气体交换频繁,邻近老空区向巷道涌出大量瓦斯而巷道向邻近老空区流入大量空气,最终诱导瓦斯与煤自燃复合灾害的发生。掌握小煤柱瓦斯与煤自燃灾害孕育、演化与发展机理,并以此为基础对灾变区域进行定量预测是灾害协同防治的关键。国内外学者对小煤柱工作面及邻近老空区瓦斯与煤自燃危险区域的预测开展了大量研究[61-66]。研究方法主要分为现场试验测试与计算机数值模拟两种方式。

在现场试验测试方面,邓军等[67]提出了漏风强度的氧浓度测算法,该方法在考虑热风压对漏风强度影响的基础上,通过实测巷道沿采空区空侧破碎煤体钻孔中的 O_2 浓度和煤的耗氧速率来推算漏风强度。此方法成功预测了兖州东滩煤矿 4308 工作面沿空巷道破碎煤体的自燃发火危险程度。余明高等[68]通过六氟化硫(SF_6)示踪气体和束管监测系统实测了沙曲矿 14301 工作面及沿空留巷侧采空区漏风量,研究了该矿的漏风规律及氧气体积分数分布特征,并对沿空留巷采空区自燃危险区域进行了划分,开采条件改变,非自燃区域会转化为自燃危险区。

在计算机数值模拟方面,朱红青等[69]采用计算机数值模拟方法研究了 5

种类型巷道及煤柱自燃后温度场与温度曲线的分布规律,通过反演温度分布曲线,得到煤自燃的准确位置,为确定注浆、注氮等防灭火措施的钻孔施工位置提供了理论依据。

李宗翔等[70]通过理论分析与数值模拟研究了综放工作面小煤柱的漏风规律及内部氧气流场演变过程,推演了小煤柱漏风渗流方程与氧气消耗扩散方程,揭示小煤柱破碎漏风与煤氧复合机理,为松散破碎煤体自燃危险性划分提供了理论依据。蒯多磊[71]通过 FORTRAN 计算机语言编程软件构建了沿空留巷遗煤自然发火位置预测的数学模型,基于此模拟了不同煤柱破碎程度对煤自燃进程的影响规律,并结合现场实测数据验证了理论模型的可靠性,为小煤柱煤自燃区域预测提供了新的方法。

上述学者们的研究为预测小煤柱瓦斯与煤自燃灾变区域提供了一定的理论依据,但研究主要集中在对破碎煤柱及工作面采空区煤自燃区域的预测方面,忽略了对瓦斯流场及邻近老采空区内煤自燃区域动态演变及迁移预测的研究,导致在灾害协同防治方面缺少理论支撑。

3. 小煤柱注浆加固封堵技术研究

通过上述学者们的研究可知,小煤柱破损漏风是导致瓦斯与煤自燃灾害的重要因素,由此可知,对小煤柱破损区域进行注浆加固是协同防治小煤柱瓦斯与煤自燃灾害的关键。注浆加固封堵技术是指向破碎煤柱内部裂隙高压注入封堵浆液,浆液凝固后破碎的煤体得到固结,煤柱结构强度与承载能力得到大幅增强[72-80]。众多学者从煤矿现场出发,通过现场试验、数值模拟、实验分析等方面研究了小煤柱注浆加固对其力学特性的提升效果。

徐向晨[81]针对长平煤矿 III43092 回采工作面区段小煤柱支护困难的实际情况,首先利用数值模拟软件对小煤柱应力分布、位移变化等进行了模拟分析,确定了小煤柱注浆加固方案,最终确定使用水泥-水玻璃双浆液对 III43092 巷小煤注进行现场工业性试验,取得了良好效果。李春杰[82]以南凹寺煤业 30407 工作面轨道顺槽变形严重、底板遇水膨胀以及支护困难等为工程背景,研究分析了巷道注浆加固的必要性,并对注浆材料、钻孔方案及工艺进行了详细设计,在 30407 工作面轨道顺槽试验短巷道选用单浆水泥液对小煤柱进行加固,结果表明注浆段巷道下沉速率及变形量明显低于未注浆段。杨宗坡[83]

以平顶山天安煤业股份有限公司一矿戊$_0$-31120风巷掘进工作面为背景,提出在主动支护的基础上,利用均布注浆技术对掘进工作面小煤柱注入普通硅酸盐水泥单浆液以增强风巷的稳定性,探索了裸注加固技术加固小煤柱对于煤矿安全生产的现实意义。

以上研究大多是采用水泥、黄泥等对煤柱进行注浆加固,以实现巷道主动支护的目的,但这些材料凝固风干后易脱水收缩,导致漏风通道依然存在,不能持续有效地保持较好的封堵效果;同时针对小煤柱两侧巷道掘进及工作面回采过程中煤柱内部应力与裂隙演化规律方面的研究尚少。

4. 煤矿防灭火阻化封堵材料研究

20世纪70年代以来,英国、美国、德国、南非等国外发达矿业国家研究了多种煤矿井下封闭充填堵漏材料,并推广到了世界许多国家。主要种类如下。

(1)以铝土矿、石膏以及石灰为基础骨料,添加各种高分子纤维后制备成新型轻质充填材料,主要用于充填采空区。

(2)通过发泡机制备成发泡水泥,发泡水泥为基料的混凝土充填材料由于内部形成了封闭的泡沫孔,使材料轻质化和保温隔热化,是良好的封闭堵漏材料。

(3)以高分子化合物为基础骨料合成的加固封堵材料。

以上几种材料常被用于各类地下工程和煤矿井下采空区充填、密闭堵漏、煤岩体加固以及表面喷涂。具有制备简单,方便施工,短期内凝固较快,密闭效果较好等优点;缺点主要是成本较高,制备及施工设备比较复杂,风干后易脱水收缩产生裂缝;材料中的高分子有机成分常含有挥发性溶剂,对人体健康有害。

我国对井下密闭充填堵漏材料的研究起步于20世纪80年代中期,主要以黄土、水泥、砖块以及粉煤灰等普通廉价材料为主,品种较为单一,施工机具落后,技术含量较低,材料脱水后易产生裂缝,影响充填堵漏以及井下防灭火效果。随着科技的发展,国内学者又先后研制了凝胶、聚氨酯、水泥砂浆、黄土、灰浆、硬石膏等材料用于煤矿井下充填及喷涂作业。

凝胶材料应用效果较好,但因其价格较高,在经济上无明显优势,大部分煤矿企业从成本角度考虑,凝胶材料没有得到广泛使用。聚氨酯泡沫因为凝结时间不可调,黏结性较差,价格高昂,不宜用于井下大面积施工,仅可用于局部构筑物密闭且含有各类溶剂,在井下高温环境下不利于人体健康,也达不到环保要求。水泥砂浆材料具有强度高、凝结快的特点,这对井下防灭火及堵漏工作较为有利,但在井下工作面顺槽以及小煤柱使用水泥砂浆喷浆加固后,顺槽支架等设备难以回收,造成很大浪费,且总体成本较高,不利于矿井防灭火堵漏工作的开展。黄泥灌浆材料因为要消耗大量农田,不利于长期使用,且耗水析水均较多,脱水风干后不能充分填充裂隙,堵漏效果差,在应用一段时间后已逐渐被淘汰。其他传统封堵材料也因密封堵漏效果差,无法完全消除矿井漏风而未被广泛使用。

近年来,针对传统封堵材料的缺点,我国很多学者也研究了其他矿井防灭火技术和阻化封堵材料。王德明[84]利用氮气的窒息性、黄泥或粉煤灰的覆盖性以及水的吸热性研究开发出了三相泡沫防灭火技术,并成功应用于多个煤矿的井下防灭火。秦波涛[85]等在三相泡沫的基础上添加稠化剂、发泡剂以及交联剂等材料,提出了防治煤炭自燃的多相凝胶泡沫防灭火工艺。马砺[86]等研究长焰煤等的原煤样和经 KCl、NaCl、CaCl$_2$ 和 MgCl$_2$ 等溶液处理过的煤样的放热速度和耗氧速率,结果表明氯盐类阻化剂可以明显降低煤自燃低温氧化阶段的耗氧速率和放热强度,其中 MgCl$_2$ 的阻化率最高,对气煤的阻化能力由小到大顺序依次为 NaCl、CaCl$_2$、KCl、MgCl$_2$。邵昊等[87]设计了煤自燃程序升温静态和动态实验,测试了不同实验条件下煤的耗氧速度和 CO 的产生速率,验证了 CO$_2$ 和 N$_2$ 对煤自燃的抑制效果,且 CO$_2$ 的效果较好。鲁义等[88]以复合表面活性剂、聚丙烯酰胺、混合粉体为原材料研制了一种防控高温煤岩裂隙的膏体泡沫,并成功应用于南方某矿 302 复采工作面的火区治理。

针对矿井防灭火及煤自燃,目前煤矿防灭火材料大多成本较高,不含化学阻化成分,脱水后物理阻化效果降低,阻化实际效果较弱,且不具备一定的抗压支撑强度。

5. 小煤柱及相邻老采空区煤自燃灾害防治研究

小煤柱损伤裂隙的持续发育为煤柱两侧气体的交换提供了通道,在煤柱两侧压差梯度的作用下,空间漏风持续运移,在一定的条件下可诱导有毒有害气体涌出、煤自然发火甚至瓦斯爆炸等灾害的发生。因此,对于易自燃矿井而言,当小煤柱加固密封失效,大量氧气持续涌入邻近老采空区时,煤自燃灾害危险性急剧增大,破裂煤柱漏风防治问题尤为关键。

刘海健[89]研究了山西孙家沟煤矿开采13号煤层留设小煤柱时影响采空区煤层自燃发火的主要因素,探讨了喷浆注浆工艺以及注氮等多种防灭火措施的可行性。王成[90]对宁夏羊场湾煤矿的小煤柱尺寸进行了优化并按照不同开采时期采取不同的防灭火技术。杨正伟[91]对水帘洞煤矿孤岛工作面的防灭火技术措施进行了分析研讨,利用数值模拟软件对工作面危险区域进行了预判,在此基础上采取了一些符合矿井实际状况的防灭火措施以确保工作面回采安全。庞叶青[92]以山西大同同忻煤矿留设小煤柱的8205工作面为研究对象,提出了多措施、全方位的综合治理措施,解决了5号煤在留设小煤柱开采期间回采工作面瓦斯超限和相邻采空区自燃发火的问题。

上述学者为小煤柱煤自燃灾害防治提出了多种有效的方案,部分方案也进行了现场试验,取得了较好的效果,但对于邻近老空区通常使用的注氮、注二氧化碳等注惰性气体防治措施而言,若隔离小煤柱破裂且裂隙发育丰富,不足以保障惰性气体在老空区的滞留时间,且灌注后由于老空区压力提升,进而协同置换老空区有毒有害气体的涌出,综合实效不强;同时,从对隔离煤柱加固及裂隙封堵常用的材料来看,支撑强度较差及实效不足。

综上所述,通常使用水泥或黄泥等传统的密封材料来加固煤柱及封堵裂隙的方法来预防小煤柱瓦斯与煤自燃复合灾害的发生,虽然初期在一定程度上增强了煤柱结构强度并具有一定密封效果,但后期待水泥或黄泥等材料凝固风干后皲裂收缩,加固强度下降明显,封堵效果也大大降低,致使漏风通道依然存在;同时,因常规水泥或黄泥等材料不含有化学阻燃阻化成分,脱水风干后物理阻化失效,不能长效抑制破碎煤自然发火[93-99]。因此,针对小煤柱开采工艺,立足煤柱加固以及邻近老空区瓦斯与煤自燃复合灾害防控,亟须开发出一种成本低廉、具有一定支撑强度且具有稳定的密封性及持续的阻化性的新型小煤柱加固封堵材料来改进现有的传统加固封堵材料,这对于保障小煤柱结构强度、防止漏风及煤自燃的发生具有重要的现实意义。

三、存在问题及不足

随着煤矿逐步进入深部开采,地应力同步增大,致使小煤柱所受应力扰动加剧,小煤柱变形、破裂及失稳是工程实践中面临的主要客观问题;同时,我国90%以上煤矿的可采煤层具有自燃倾向性,且随着矿井采深的不断加大,煤层瓦斯含量也随之增大,致使诸多矿井在实施小煤柱开采工艺过程中,面临瓦斯与煤自燃复合灾害问题,瓦斯与煤自燃复合灾害致灾机理与协同防治已经成为当前煤矿安全领域的热点研究问题之一。

目前研究手段和研究方法的局限以及小煤柱裂隙发育规律的不确定性,致使研究的宽度与深度受到严重制约,目前仍有三大问题需要解决:一是小煤柱两侧巷道掘进及工作面回采过程中煤柱内部应力演化规律及煤柱塑性损伤区域范围尚未明确,导致煤柱漏风后瓦斯与煤自燃危险区域难以划分,重点治理区域不能确定,致使防治措施不能有效开展;二是由于小煤柱内部裂隙演化的复杂性、多向性与难以预测性,致使现有的煤柱加固堵漏材料难以有效封堵因采动影响而发育的新生裂隙,导致煤柱封堵效果随着时间的增加而逐渐变差;三是煤矿井下小煤柱邻近老空区及工作面新采空区内部瓦斯与煤自燃复合灾害致灾机制极为复杂,导致现场缺乏有效的协同防治技术措施,严重制约了矿井安全高效生产。

进入 21 世纪以来,随着研究手段和科学技术的快速发展,相关学者通过数值模拟、物理相似实验等研究方法反演推算得到小煤柱内部应力演化规律,并提出了相应的封堵措施,这些研究为瓦斯与煤自燃灾害的协同防治奠定了一定的理论基础。但由于研究手段与方向的切入点不同,目前的研究还有以下几个方面的不足。

(1)小煤柱两侧巷道掘进及工作面回采过程中煤柱所受内部应力规律及煤柱内部塑性损伤区域范围缺少深入研究;

(2)小煤柱裂隙发育对瓦斯与煤自燃复合灾害区域边界与面积演变规律的作用机制尚不清晰,且缺乏有效的数值计算模型;

(3)现有的小煤柱加固封堵材料如黄泥与水泥等,凝固风干后易收缩起裂,不能保证封堵效果的持久性,且难以长时间保持支撑强度;

（4）现有的小煤柱加固封堵材料如黄泥与水泥等，成分不含有阻化剂，不能长效抑制煤柱以及邻近老空区破碎煤体的自然氧化进程；

（5）缺乏有效的绿色环保阻化封堵材料，在兼顾封堵煤柱动态新生裂隙的同时还能长效抑制小煤柱破碎煤体以及邻近老空区遗煤自燃；

（6）基于阻化封堵材料的小煤柱及邻近老空区瓦斯与煤自燃灾害协同防治技术体系尚未形成，且现场研究尚未开展。

基于相关研究的不足，围绕小煤柱开采工艺下的瓦斯与煤自燃复合灾害问题，立足新型阻化封堵材料开发与性能方面的研究，在减小小煤柱及老采空区瓦斯与煤自燃复合灾害发生概率，保障矿工生命安全，完善小煤柱安全开采技术，进而提高煤炭采出率，实现矿井高效开采等方面具有非常重要的现实意义。

因此，本书以小煤柱开采工艺下瓦斯与煤自燃复合灾害协同防治为导向，基于小煤柱内部应力演化规律及煤柱塑性损伤区域范围的确定，围绕新型绿色环保型阻化封堵材料开展研究工作，以期为煤矿深部开采过程中小煤柱开采工艺下小煤柱、工作面以及邻近老空区瓦斯与煤自燃灾害的协同防治提供理论与技术支撑。

四、主要研究内容

针对上述问题，本书深入研究了小煤柱两侧巷道形成及煤层开采过程中小煤柱内部应力的演化规律及煤柱塑性损伤区域范围的变化趋势，基于此规律结合破碎煤自燃特征提出了研发兼顾动态裂隙封堵及遗煤自燃抑制性能的绿色环保型阻化封堵材料的概念，通过大量实验确定了材料的最优配比，并分别从抑制煤体氧化与长效封堵裂隙两个方面考察了新型材料对瓦斯与煤自燃灾害协同防治的效果，最后通过现场试验对效果进行验证。具体研究内容如下。

（1）小煤柱两侧巷道掘进与工作面推进过程中煤柱承载应力以及塑性损伤范围演变规律研究。分别研究小煤柱两侧巷道掘进以及81303工作面回采过程中小煤柱内部应力及塑性损伤范围演化规律，结合煤柱承压特性与破碎特征，揭示采动影响下小煤柱疲劳损伤机理。

（2）小煤柱裂隙发育对瓦斯与煤自燃复合灾害区域边界与面积演变规律作用机制的研究。通过 ANSYS Fluent 数值模拟技术动态模拟小煤柱裂隙发育过程中采空区内氧气、瓦斯流场以及煤自燃与复合灾害危险区域的演变跃迁规律，以此为基础反演计算得到自燃氧化带与煤自燃引爆瓦斯带面积与小煤柱渗透率间的函数关系，揭示小煤柱裂隙发育对煤自燃与复合灾害的影响机理。分析小煤柱与邻近老空区注浆前后煤自燃与复合灾害危险区域面积，明确了注浆工作对防治灾害的必要性。

（3）基础骨料优选及阻化封堵材料最优配比确定。优选出高水材料作为阻化封堵材料的基础骨料，并测定其凝结时间、失水率、黏度等性能指标。以多元受阻酚型抗氧剂为主抗氧剂、亚磷酸酯抗氧剂为辅抗氧剂制备协效抗氧阻化剂，通过实验确定主、辅抗氧剂的最优配比，并测试其化学阻化性能。在此基础上将高水材料与协效抗氧阻化剂进行复配，通过煤自燃模拟实验以及抗压强度测试，得到既满足材料阻化性能又起到加固作用的协效抗氧阻化剂与高水材料的最佳质量比。

（4）阻化封堵材料抑制煤自燃阻化效果对比测试。分别从自由基产生消耗更替、官能团氧化分解以及标志性气体生成三个层面研究新型阻化封堵材料在长效抑制破碎煤体自燃氧化的阻化效果，并与传统卤盐类阻化材料以及黄泥进行对比分析，充分验证联合物理阻化与化学阻化方法于一体的协同阻化剂在高效抑制小煤柱及邻近老空区破碎煤体自燃方面的独特优势。

（5）阻化封堵材料密封堵漏效果对比测试。对比阻化封堵材料与传统封堵加固材料（如水泥与黄泥等）宏微观物理结构上的差异，探索阻化封堵材料宏微观结构对其密封性能的作用机制，通过试验测试与理论分析，揭示阻化封堵材料的封堵机理，并对其渗透性和堵漏风性能进行测试。

（6）阻化封堵材料现场工业性试验。以华阳一矿 81303 小煤柱工作面为试验工作面，向小煤柱与邻近老空区破碎煤体灌注阻化封堵材料，并在对煤自燃阻化与对裂隙封堵两个层面考察阻化封堵材料在小煤柱瓦斯与煤自燃灾害防治中的现场应用效果。

五、研究方法及技术路线

1. 研究方法

研究方法如下。

（1）基于 FLAC³ᴰ 数值模拟技术，分别从横向与纵向两个层面动态分析了小煤柱两侧巷道掘进过程中峰值应力的动态演变规律，确定煤柱塑性损伤范围，并以此为基础推算出小煤柱内部裂隙的动态发育过程以及重点区域。

（2）基于 ANSYS Fluent 数值模拟技术，仿真模拟自燃氧化带与煤自燃引爆瓦斯带随小煤柱孔隙率和邻近老空区浆液影响区域孔隙度改变的动态变化过程，并反演计算得到小煤柱孔隙度和邻近老空区浆液影响区域孔隙度与自燃氧化带和煤自燃引爆瓦斯带面积之间的关系。

（3）优选出合适的无机高保水材料作为阻化剂的物理阻化成分，对其进行制备，并测试分析其相关性能指标；利用多元受阻酚类主抗氧剂和亚磷酸酯辅抗氧剂制备出协效型阻化剂，通过煤的挥发分和发热量测试优选出主、辅抗氧剂的最佳配制比，并分析其对煤自燃氧化的阻化机理。

（4）将协效阻化剂与无机高保水材料进行联合制备，并利用煤体自燃氧化模拟实验系统，以低温耗氧量与交叉点温度两个方面作为考察指标，确定阻化效果最优时协效阻化剂与无机高保水材料的质量比，并以此配比为基础，开展效果对比测试实验。

（5）通过气相色谱仪、电子自旋共振波谱仪、傅里叶红外变换光谱仪及煤体自燃氧化模拟实验系统联用，分别从标志性气体、自由基与官能团三个方面，综合对比分析了阻化封堵材料较于传统卤盐阻化剂在长效阻化方面的优势。

（6）基于电镜扫描仪从宏观和微观两个方面来揭示阻化封堵材料的孔裂隙发育特征；通过渗透液滤失仪来观测不同水灰比的阻化封堵材料在煤体中的渗透情况和回收测量滤失量；通过自制的实验平台对阻化封堵材料的堵漏风性能进行测试。

2. 技术路线

本书通过理论分析、数值模拟、大量的基础性实验和现场试验相结合的方法开展了小煤柱条件下煤自燃阻化封堵材料研究,总体技术路线及研究思路如图 0-3 所示。

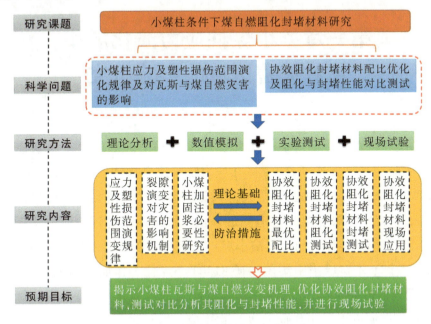

图 0-3　总体技术路线及研究思路

第一章　小煤柱应力演化规律
及对灾害区域的影响研究

小煤柱两侧巷道掘进以及工作面回采过程中内部应力平衡状态被打破,应力集中区域发生跃迁,煤体在应力跃迁反复扰动下发生疲劳损伤,导致小煤柱塑性损伤区域逐渐变大,内部裂隙持续发育,漏风程度也随之增大。因此,揭示小煤柱两侧巷道掘进以及工作面回采过程中应力跃迁规律及其对煤柱损伤破坏机制是反演小煤柱瓦斯与煤自燃灾害孕育、演化、发展过程的关键。本章以华阳集团一矿 81303 小煤柱工作面为研究背景,基于 FLAC^{3D} 数值模拟软件[100-107]建立小煤柱应力动态演化模型,反演计算小煤柱两侧巷道掘进以及工作面回采过程中应力跃迁过程,并探索应力演变与裂隙发育间的内在关联。

裂隙持续发育势必对小煤柱、工作面新采空区以及邻近老采空区内部自燃氧化带与煤自燃引爆瓦斯带的分布规律及范围大小产生影响,导致灾变区域预测以及超前防治变得更加困难。因此,揭示小煤柱孔隙率改变对小煤柱工作面回采过程中瓦斯与煤自燃灾害范围与孕育过程的作用机制是实现小煤柱瓦斯与煤自燃灾害超前预测防治的关键。本章采用 ANSYS Fluent 软件[108-117]对 81303 小煤柱工作面进行建模分析,以小煤柱孔隙率为变量,对小煤柱、工作面采空区以及邻近老采空区内部气体运移规律进行数值模拟,获得了小煤柱孔隙率改变对自燃带与煤自燃引爆瓦斯带的影响规律,为揭示小煤柱瓦斯与煤自燃致灾理论提供了理论依据。

同时,本章还基于建立的数值模型对小煤柱注浆加固封堵与邻近老采空区注浆阻化封堵前后瓦斯涌出量、自燃带与煤自燃引爆瓦斯带面积进行了对比分析,明确了注浆封堵的必要性,为小煤柱瓦斯与煤自燃灾害的协同防治提供了有效技术手段,也为后续阻化封堵材料的研制明确了导向。

第一节　小煤柱内部应力及塑性损伤范围演化规律

一、81303 小煤柱工作面应力数值计算模型建立

根据山西华阳一矿 81303 小煤柱工作面实际生产地质条件与小煤柱周围巷道布置参数,通过 FLAC³ᴰ 软件建立三维立体计算模型,数值模拟计算模型的具体尺寸为:x 方向 300 m,y 方向 1 600 m,z 方向 50 m,网格划分后的数值模拟计算模型如图 1-1 所示。

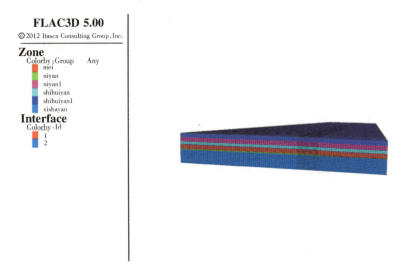

图 1-1　81303 小煤柱工作面应力计算模型

81303 大采高工作面回风巷沿 15 号煤顶板掘进,掘进断面大小为 5.2 m×3.8 m。根据钻孔柱状图结合岩石力学实验确定数值模拟的岩石力学参数,煤岩体力学参数如表 1-1 所示。

表 1-1　煤岩体力学参数

岩性	弹性模量/GPa	剪切模量/GPa	摩擦角/(°)	黏聚力/MPa	抗拉强度/MPa
泥岩	2.9	1.7	31	1.2	2.2
细沙岩	7.6	4.2	41	2.9	3.2

岩性	弹性模量/GPa	剪切模量/GPa	摩擦角/(°)	黏聚力/MPa	抗拉强度/MPa
石灰岩	42.4	6.5	43	6.8	8.1
泥岩	2.9	1.7	31	1.2	2.2
15煤	1.8	0.7	26	1.0	1.3
泥岩	2.9	1.7	31	1.2	2.2
粗沙岩	6.6	3.4	31	1.2	2.2

模拟计算根据极限平衡等理论[118-124]，选用 Mohr-Coulomb 经典屈服准则，岩石力学参数则通过矿井钻孔柱状图结合岩石力学试验来确定。整个采动对 81303 小煤柱工作面应力扰动数值模拟过程为：建立 81303 小煤柱应力计算模型→煤岩体平衡状态应力计算→81301 进风巷掘进应力计算→81303 回风巷掘进应力计算→81303 工作面回采应力计算→应力计算结果输出与分析。

为更清晰准确地理解后续数据分析结果，将 81301 进风巷、81303 回风巷、81303 工作面、81303 进风巷以及小煤柱等的位置关系绘制成示意图，如图 1-2 所示。

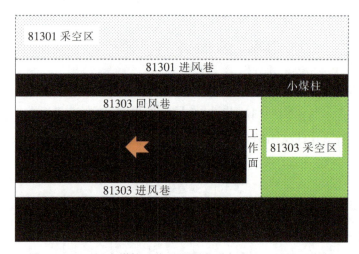

图 1-2　81303 小煤柱工作面周围巷道与采空区位置示意图

二、81301进风巷掘进过程中实体煤帮(小煤柱布设位置)应力与塑性损伤区域分布规律

1. 81301进风巷掘进期间实体煤帮横向应力分布规律

分析图1-3可知,整体上,在81301进风巷掘进后,81301煤层和实体煤帮应力呈三角形分布,随着距81301进风巷边缘距离的增加,应力逐渐降低至原岩应力状态。同时,81301进风巷两侧煤体垂直应力曲线均呈现先增加后减小的变化规律,呈三角形分布形态,峰值位置距离巷道边缘19 m。这表明,在81301进风巷掘进形成以后,应力向实体煤帮转移,造成实体煤边缘应力峰值较大,导致浅部煤体(小煤柱布置区域)破碎严重,承载能力减弱。

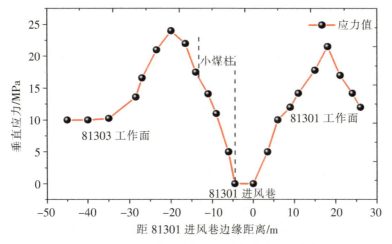

图1-3　81301进风巷掘进后垂直应力分布曲线

2. 81301进风巷掘巷期间实体煤帮纵向应力分布规律

为进一步分析81301进风巷掘进期间沿实体煤轴向应力分布特征,沿小煤柱预设区域轴向布置测线,监测不同掘进长度下实体煤帮内垂直应力变化规律,如图1-4所示。

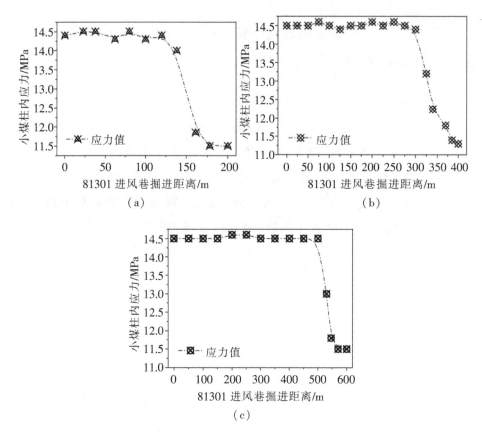

（a）　　　　　　　　　　　　　　　（b）

（c）

图1-4　81301进风巷掘进200/400/600 m实体煤帮内应力分布规律

由图1-4可以看出,在81301进风巷掘进200 m时,煤柱内应力呈倒"L"形分布,且在0~120 m范围内,实体煤帮内应力几乎没有变化,应力值稳定在14.5 MPa左右,而在120~200 m范围内,应力出现降低,在掘进头位置应力降低至11.5 MPa。在81301进风巷掘进400 m时,煤柱内应力在0~320 m范围内,实体煤帮内应力几乎没有变化,应力值稳定在14.5 MPa左右,而在320~400 m范围内,应力出现降低,在掘进头位置应力降低至11.5 MPa。在81301进风巷掘进600 m时,煤柱内应力在0~520 m范围内,实体煤帮内应力几乎没有变化,应力值稳定在14.5 MPa左右,而在520~600 m范围内,应力出现降低,在掘进头位置应力降低至11.5 MPa。

综合以上分析可知,在81301进风巷掘进过程中,实体煤帮内应力分布呈现相同的规律,即在距离掘进头 80 m 范围内实体煤帮内应力开始降低,在掘进头处降低至 11.5 MPa,而在距离掘进头 80 m 以外的范围内实体煤帮内应力基本保持不变,应力值稳定在 14.5 MPa 左右。由此可知,小煤柱在 81301 进风巷掘进期间,小煤柱内部应力由原岩应力降低至 11.5 MPa,再稳定于 14.5 MPa 附近,应力不断跃迁,导致煤体发生疲劳损伤,结构完整性遭到破坏,最终引发原生裂隙扩展与新生裂隙产生。

3. 81301 进风巷掘巷期间实体煤帮塑性损伤区域分布特征

由图 1-5 可以看出,在 81301 进风巷掘进期间,巷道周围煤体结构出现不同程度损伤。其中,对左侧煤体(小煤柱所处位置)造成塑性变形损伤的范围约 3.5 m,对右侧煤体造成塑性变形损伤的范围约 3.7 m。小煤柱横向宽度为 8 m,81301 进风巷掘进引发的塑性损伤范围占小煤柱整体体积的 43.75%,由此可以看出 81301 进风巷掘进对小煤柱结构完整性造成了损伤,导致裂隙持续发育,漏风程度也不断增大。

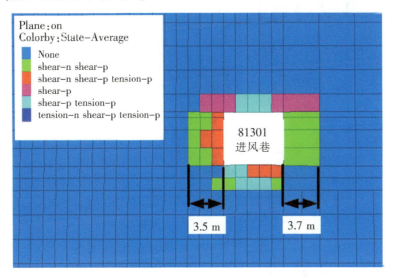

图 1-5 81301 进风巷掘进期间实体煤帮内塑性损伤区域分布特征

三、81303 回风巷掘进过程中小煤柱应力与塑性损伤区域分布规律

1. 81303 回风巷掘巷期间煤柱横向应力演变规律

在81303 回风巷掘进后,煤柱和实体煤帮内应力分布如图 1-6 所示。随着距81301 采空区倾向距离的增大,81303 实体煤内应力呈现先增加后减小的趋势,且在距实体煤边缘19.4 m 处应力达到最大,峰值应力为25.5 MPa。小煤柱内部应力也呈现先增加后减小的趋势,且煤柱内应力峰值位置位于煤柱中间,峰值大小为20.5 MPa。同时,在小煤柱内出现明显的应力集中,内应力峰值为20.5 MPa,超过其抗压强度,煤柱边缘已出现压裂破坏,导致煤体由弹性承载向塑性变形转变,进而造成煤柱边缘应力较小,此时煤柱边缘为峰后承载。

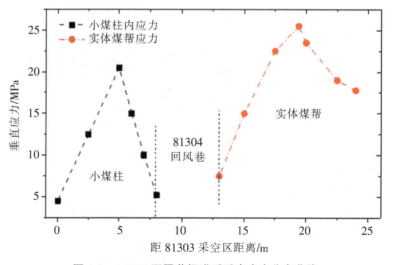

图 1-6　81303 回风巷掘进后垂直应力分布曲线

2. 81303 回风巷掘巷期间煤柱纵向应力演变规律

为进一步分析81303 回风巷掘进期间沿实体煤轴向应力分布特征,沿小煤柱区域煤体轴向布置测线,监测不同掘进长度下实体煤帮内垂直应力变化规律,如图 1-7 所示。

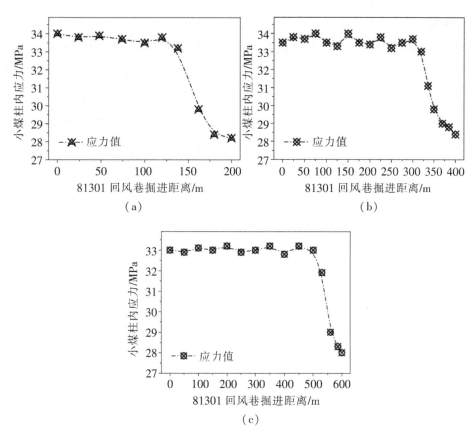

（a）

（b）

（c）

图 1-7　81303 回风巷掘进 200/400/600 m 小煤柱内应力分布规律

由图 1-7 可以看出，在 81303 回风巷掘进 200 m 时，小煤柱内应力呈倒"L"形分布，且在 0~120 m 范围内，实体煤帮内应力几乎没有变化，应力值稳定在 33 MPa 左右，而在 120~200 m 范围内，应力出现降低，在掘进头位置应力降低至 28.2 MPa。通过比较图 1-6 和图 1-3 可以看出，81303 回风巷掘进期间，小煤柱内应力值远大于 81301 进风巷掘进期间小煤柱内应力，小煤柱内高应力集中现象可能造成小煤柱片帮和浅部煤体破碎的问题。在 81303 回风巷掘进 400 m 时，小煤柱内应力在 0~320 m 范围内，实体煤帮内应力几乎没有变化，应力值稳定在 33 MPa 左右，而在 320~400 m 范围内，应力出现降低，在掘进头位置应力降低至 28.4 MPa。在 81303 进风巷掘进 600 m 时，煤柱内应力在 0~520 m 范围内，实体煤帮内应力几乎没有变化，应力值稳定在 33 MPa 左右，而在 520~600 m 范围内，应力出现降低，在掘进头位置应力降低至

28 MPa。

综合以上分析可知,在81303回风巷掘进过程中,煤柱内应力分布呈现相同的规律,即在距离掘进头80 m范围内实体煤帮内应力开始降低,在掘进头处降低至28 MPa,而在距离掘进头80 m以外的范围内实体煤帮内应力基本保持不变,应力值稳定在33 MPa左右。相比较81301进风巷掘进期间应力出现明显增加,应力峰值由14.5 MPa增加至33 MPa。由此可知,小煤柱在81301进风巷掘进再到81303回风巷掘进期间,小煤柱内部应力演变过程为:原岩应力→11.5 MPa→14.5 MPa→28 MPa→33 MPa,应力不断跃迁并在一定阶段超过其抗压强度,导致煤体结构完整性进一步遭到破坏,可导致裂隙数量与尺度进一步扩大。

3. 81303回风巷沿空掘巷期间煤柱塑性损伤区域分布特征

由图1-8可以看出,在81303回风巷掘进期间,煤柱两帮出现明显剪切破坏,剪切破坏深度为1.2 m(占煤柱宽度的15%),煤柱内部出现张拉损伤,损伤深度为1.8 m(占煤柱宽度的22.5%)。且小煤柱中心区域弹性承载区宽度为1.5 m,这表明81303回风巷掘进期间小煤柱出现进一步损伤,损伤深度增加,造成煤柱内部裂隙进一步发育。

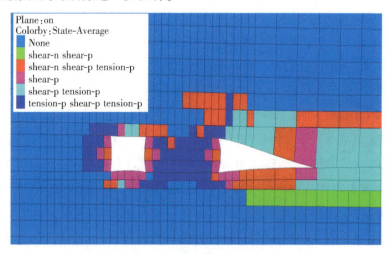

图1-8　81303回风巷掘进煤柱内塑性区分布

四、81303 工作面回采过程中小煤柱应力与塑性损伤区域分布规律

1. 81303 工作面回采期间煤柱横向应力演变规律

在 81303 工作面回采初期,小煤柱内应力分布如图 1-9 所示。在小煤柱倾向方向(由 81301 进风巷至 81303 回风巷方向),煤柱应力呈现先增加后减小的趋势,且应力峰值出现在煤柱中间位置,其峰值大小为 32.2 MPa,比 81301回风巷掘进期间小煤柱内应力的峰值增加了 11.7 MPa,致使小煤柱内部结构损伤程度进一步增大。

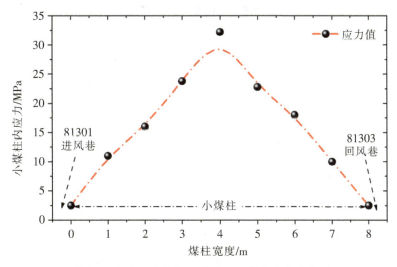

图 1-9　81303 工作面回采期间垂直应力分布曲线

2. 81303 工作面回采期间煤柱纵向应力演变规律

为进一步分析 81303 工作面回采期间小煤柱轴向应力分布特征,沿小煤柱区域煤体轴向布置测线,监测不同掘进长度下实体煤帮内垂直应力变化规律,如图 1-10 所示。

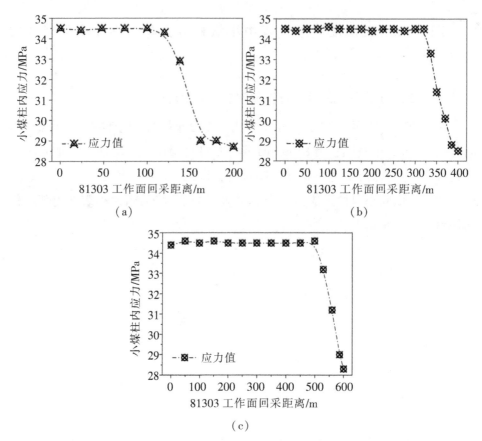

图 1-10 81303 工作面回采 200/400/600 m 煤柱内应力分布规律

由图 1-10 可以看出,在 81303 工作面回采 200 m 时,煤柱内应力呈倒"L"形分布,且在 0～120 m 范围内,小煤柱内应力几乎没有变化,应力值稳定在 34.5 MPa 左右,而在 120～200 m 范围内,应力出现降低,在工作面位置应力降低至 28.7 MPa。通过比较图 1-9 和图 1-6 可以看出,81303 工作面回采期间,煤柱内应力值略大于 81303 回风巷掘进期间煤柱内应力,煤柱内高应力集中现象可能造成煤柱片帮和浅部煤体破碎的问题。在 81303 工作面回采 400 m 时,煤柱内应力在 0～320 m 范围内,实体煤帮内应力几乎没有变化,应力值稳定在 34.5 MPa 左右,而在 320～400m 范围内,应力出现降低,在掘进头位置应力降低至 28.5 MPa。在 81303 工作面回采 600 m 时,煤柱内应力在 0～520 m 范围内,实体煤帮内应力几乎没有变化,应力值稳定在 34.5 MPa 左右,而在 520～600 m 范围内,应力出现降低,在掘进头位置应力降低至 28.3 MPa。

综合以上分析可知,在 81303 工作面回采过程中,煤柱内应力分布呈现相同的周期性变化规律,即在距离工作面 80 m 范围内实体煤帮内应力开始降低,在工作面处降低至 28.3 MPa,而在距离工作面 80 m 以外的范围内实体煤帮内应力基本保持不变,应力值稳定在 34.5 MPa 左右。相比较 81303 回风巷掘进期间应力无明显增加趋势,应力峰值由 33 MPa 增加至 34.5 MPa。由此可知,小煤柱在 81301 进风巷掘进到 81303 回风巷掘进再到 81303 工作面回采期间,小煤柱内部应力演变过程为:原岩应力→11.5 MPa→14.5 MPa→28 MPa→33 MPa→34.5 MPa,应力不断跃迁,导致煤体结构完整性遭到更大破坏,裂隙数量与尺度进一步增加。

3. 81303 工作面回采期间煤柱塑性损伤区域分布特征

由图 1-11 可以看出,在 81303 工作面回采期间,煤柱两帮剪切破坏程度进一步加剧,剪切破坏深度为 2.2 m(占小煤柱宽度的 27.5%)。煤柱内部张拉损伤深度为 2.8 m(占小煤柱宽度的 35.0%)。且小煤柱中心区域弹性承载区宽度为 1.1 m,表明 81303 工作面回采期间小煤柱结构出现进一步损伤,损伤深度增加,煤柱内部裂隙进一步发育。

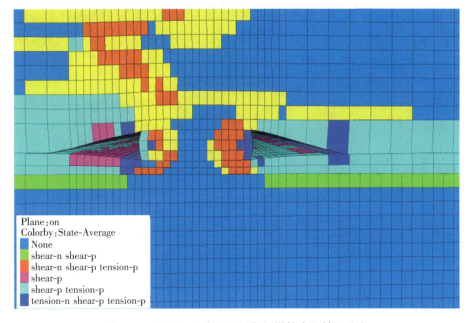

图 1-11　81303 工作面回采期间煤柱内塑性区分布

第二节　小煤柱裂隙发育对瓦斯
与煤自燃灾害的影响规律

采用 ANSYS Fluent 软件对 81303 小煤柱工作面、采空区以及邻近老空区进行建模分析,以小煤柱孔隙率为变量,对小煤柱、工作面采空区以及邻近老采空区内部氧气、瓦斯等气体运移规律进行数值模拟,识别小煤柱裂隙发育对自燃与引爆瓦斯共生灾害区域分布的影响规律。

一、81303 小煤柱工作面采空区流场数值计算模型建立

1. 几何模型的建立

为方便几何建模和网格划分,根据华阳一矿 81303 工作面理论布置情况,将 81303 工作面和其两端进回风巷道都简化为有效断面积下同等水力直径的长方体,忽略各巷道内设备布置、巷道支护和尺寸变化等因素。将 81303 采空区和相邻的 81301 采空区视作长方体,按照两采空区垮落带和断裂带发育高度等关键尺寸参数,对 81303 采空区和相邻的 81301 采空区进行几何建模。81303 工作面、相关巷道和采空区几何模型尺寸参数见表 1-2。

表 1-2　几何模型尺寸参数

几何名称	几何尺寸 (长/m×宽/m×高/m)	几何名称	几何尺寸 (长/m×宽/m×高/m)
81303 进风巷	20×5×4	81301 采空区	600×300×60
81303 回风巷	315×5×4	81303 采空区	300×300×60
81303 工作面	300×5×4	煤岩柱	600×8×7

利用 ANSYS Fluent Meshing 对所建立的几何模型进行网格划分,网格选用正六面体核心型 Poly-Hexcore 网格,本模型划分 130 907 个网格单元,最小正交质量等于 0.5,最大纵横比等于 7,最大扭斜度小于 0.3,网格质量较高有

利于计算结果的快速收敛。其几何模型及网格划分如图 1-12 所示。

图 1-12　三维模型及网格划分图

2. 数学模型与边界条件的确定

根据华阳一矿 81303 回采工作面的理论布置条件,并参考 81303 工作面的现场实际布置情况,确定 ANSYS Fluent 求解时所需要的模拟参数和边界条件。

1)采空区碎胀系数 K_p 与空隙率分布 ε

根据采场矿压等理论[125-133],采空区在竖直方向上分为垮落带、断裂带、弯曲下沉带。垮落带和断裂带的最大高度可依据《建筑物、水体、铁路及主要井巷煤柱留设与压煤开采规范》[134]中的统计公式来确定,详见表 1-3、1-4。

表 1-3　垮落带最大高度统计公式

覆岩岩性(单向抗拉强度及主要岩石名称)	计算公式
坚硬(40~80 MPa,石英沙岩、石灰岩、沙质页岩、砾岩)	$H_c = \dfrac{100\sum m}{2.1\sum m + 16} \pm 2.5$
中硬(20~40 MPa,沙岩、泥质灰岩、沙质页岩、页岩)	$H_c = \dfrac{100\sum m}{4.7\sum m + 19} \pm 2.2$
软弱(10~20 MPa,泥岩、泥质沙岩)	$H_c = \dfrac{100\sum m}{6.2\sum m + 32} \pm 1.5$
极软弱(<10 MPa,铝土岩、风化泥岩、黏土、沙质黏土)	$H_c = \dfrac{100\sum m}{7.0\sum m + 63} \pm 1.2$

注:m 表示煤层开采厚度。

表 1-4　断裂带最大高度统计公式

覆岩岩性	公式(一)	公式(二)
坚硬	$H_f = \dfrac{100\Sigma m}{1.2\Sigma m + 2.0} \pm 8.9$	$H_f = 30\sqrt{\Sigma m} + 10$
中硬	$H_f = \dfrac{100\Sigma m}{1.6\Sigma m + 3.6} \pm 5.6$	$H_f = 20\sqrt{\Sigma m} + 10$
软弱	$H_f = \dfrac{100\Sigma m}{3.1\Sigma m + 5.0} \pm 4.0$	$H_f = 10\sqrt{\Sigma m} + 10$
极软弱	$H_f = \dfrac{100\Sigma m}{5.0\Sigma m + 8.0} \pm 3.0$	

注:m 表示煤层开采厚度。

根据煤层顶底板岩性和煤层开采厚度及表 1-3 和表 1-4 相关公式,计算得出华阳一矿 81303 工作面垮落带的高度为 20 m,断裂带的高度为 40 m。具体岩石碎胀系数和空隙率由式(1-1)和式(1-2)计算:

$$
\begin{cases}
K_{p,x} = 1.1 + 0.3e^{-0.037x} \\
K_{p,y} = 1.1 + 0.3e^{-0.268 \cdot (300 - |300 - y|)} \\
K_p(x,y,z \leq H_c) = \max\{K_{p,x}, K_{p,y}\} \\
K_p(x,y,z > H_c) = K_p(x,y,z \leq H_c) - a_z \cdot \ln(z + 1 - H_c) \\
a_z = \dfrac{K_p(x,y,z \leq H_c) - K_p^B}{\ln(H_f + 1)}
\end{cases}
\tag{1-1}
$$

式中,K_p^B 为岩石碎胀系数通过率。

$$
\varepsilon(x,y,z) = 1 - \frac{1}{K_p(x,y,z)}
\tag{1-2}
$$

2)采空区渗透率 k 与碎岩平均粒径 D_p 分布

渗透率是表征土或岩石本身传导流体能力的参数,受孔隙率和平均粒径的影响,根据 Kozeny-Carman 公式,采空区渗透率与孔隙率之间的关系为

$$
k(x,y,z) = \frac{D_p^2}{150} \frac{\varepsilon(x,y,z)^3}{[1 - \varepsilon(x,y,z)]^2}
\tag{1-3}
$$

平均粒径 D_p 可按下式进行计算。

$$D_p = -0.000\,008(z-h)^2 + 0.06 \qquad (1\text{-}4)$$

3) 黏性阻力系数 $1/\alpha$ 和惯性阻力系数 C_2

在 Ansys Fluent 中，多孔介质模型通过在动量方程中增加黏性阻力系数 $1/\alpha$ 和惯性阻力系数 C_2 两个参数来模拟计算域中多孔性材料对流体的流动阻力。惯性阻力系数 C_2 和黏性阻力系数 $1/\alpha$ 可分别按照式(1-5)、式(1-6)进行计算。

$$C_2 = \frac{150}{D_p^{\,2}} \frac{\left[1-\varepsilon(x,y,z)\right]^2}{\varepsilon(x,y,z)^3} \qquad (1\text{-}5)$$

$$\frac{1}{\alpha} = \frac{3.5}{D_p} \frac{\left[1-\varepsilon(x,y,z)\right]}{\varepsilon(x,y,z)^3} \qquad (1\text{-}6)$$

4) 瓦斯涌出质量源项 S_{CH_4}

通过单元法测定华阳一矿 81303 工作面绝对瓦斯涌出量为 10.95 m^3/min，通过瓦斯涌出量预测结果确定遗煤瓦斯涌出量为 0.6 m^3/min。由于华阳一矿 81303 工作面邻近层及围岩瓦斯涌出量较小，可将其忽略。模型中将工作面空间设为工作面煤壁瓦斯质量源项 S_1，认为工作面瓦斯均匀涌出；将采空区已开采煤层空间设为瓦斯涌出源项 S_2，认为瓦斯涌出强度沿工作面倾向不发生变化。通过下式进行计算：

$$\begin{cases} S_1 = \dfrac{Q_1 \cdot \rho}{V} \\[2mm] S_2 = A \cdot \exp(-B \cdot x) \\[2mm] \dfrac{Q_2}{m(x,y) \cdot L} = \displaystyle\int_0^H S_2 \mathrm{d}x \end{cases} \qquad (1\text{-}7)$$

式中，Q_1 为工作面瓦斯涌出量；ρ 为瓦斯流体密度；V 为工作面计算域体积；A 为采空区初始瓦斯涌出强度，认为采空区初始瓦斯涌出强度 A 等于工作面瓦斯平均瓦斯涌出强度 S_1；B 为采空区瓦斯涌出衰减率，可根据对 S_2 在采空区走向上积分结果为单位长度采空区瓦斯涌出量的关系计算；x 为采空区距工作面距离；Q_2 为采空区瓦斯涌出量；L 为采空区倾向长度；H 为采空区走向长度。

5) 氧气消耗质量源项 S_{O_2}

考虑遗煤自燃耗氧，耗氧项 S_{O_2} 可用下式表示：

$$S_{O_2} = r_0 \cdot c \cdot \exp\left[\gamma \cdot (T - T_0)\right] \tag{1-8}$$

式中，r_0 为煤样在 T_0 温度下与空气发生氧化时的耗氧量；c 为采空区氧气浓度与空气氧气浓度之比；γ 为温度影响系数；T 为采空区温度。

模拟过程中所涉及的其他参数如表 1-5、1-6 所示。

表 1-5　数值模拟基本参数与部分边界条件

参数名称（单位）	值	参数名称（单位）	值
进风巷风量/（m³/min）	1 200	进风巷水力直径/m	4.444 4
进风巷风速/（m/s）	1	进风巷湍流强度/%	3.301 5
空气密度/（kg/m³）	1.29	瓦斯密度/（kg/m³）	0.716 7

表 1-6　数值模拟部分初始条件

参数名称（单位）	值/%	参数名称（单位）	值/%
81303 采空区初始氧气浓度	21	81303 采空区初始瓦斯浓度	0
81301 采空区初始氧气浓度	0	81301 采空区初始瓦斯浓度	100

3. 数值模拟方案设置

本章除了研究原始模拟（方案 1）下的小煤柱工作面采空区自燃三带和瓦斯浓度分布之外，还模拟了小煤柱裂隙发育过程中小煤柱工作面采空区自燃三带和瓦斯浓度分布的演变过程，以此为基础揭示小煤柱裂隙发育对瓦斯与煤自燃灾害的影响机理。

具体的小煤柱裂隙损伤孔隙率模拟方案如表 1-7 所示。

表 1-7　小煤柱裂隙损伤孔隙率模拟方案

方案	模拟小煤柱损伤程度	小煤柱孔隙率
1	正常	P_C
2	一般	$1.25P_C$
3	严重	$1.50P_C$

二、煤自燃危险区域和瓦斯与煤自燃复合灾害危险区域划分

1. 自燃"三带"划分依据

传统的采空区自燃"三带"划分有氧气浓度、漏风风速和升温速率3个指标。具体的划分标准如下[135-139]。

1)按采空区内氧气浓度划分

（1）窒息带：O_2 浓度低于 10% 的区域。

（2）自燃氧化带：O_2 浓度在 10%～18% 之间的区域。

（3）散热带：O_2 浓度大于 18% 的区域。

2)按采空区内漏风风速划分

（1）窒息带：漏风风速小于 0.10 m/min 的区域。

（2）自燃氧化带：漏风风速在 0.10～0.24 m/min 的区域。

（3）散热带：漏风风速大于 0.24 m/min 的区域。

3)按采空区升温速率划分

（1）窒息带：升温速率小于 1℃/d 且远离工作面的区域。

（2）自燃氧化带：升温速率大于等于 1℃/d 的区域。

（3）散热带：升温速率大于 1℃/d 且靠近工作面的区域。

上述指标中，由于漏风风速是矢量，其具体数值难以测量，一般只能利用计算机进行数值模拟来进行采空区自燃"三带"的划分，但该方法计算误差很大，与井下实际不符。升温速率指标从理论上来说是最能直接反映煤自燃的理想指标，但是由于煤是不良的热导体，要掌握采空区内每个区域的温度变化难度较大，温度指标只能作为辅助指标用于采空区自燃"三带"划分。采空区内 O_2 浓度不仅与采空区漏风强度有关，还与煤的氧化程度相关，自燃程度高的区域耗氧量较大，O_2 浓度相应变低，O_2 浓度可以直观反映煤氧化的供氧以及蓄热条件，在实际工作中 O_2 浓度易于测定，是划分自燃"三带"范围的理想指标。

在本书的数值模拟实验中，将 O_2 浓度在 10%～18% 的区域定义为自燃氧化带，亦称为采空区煤自燃危险区域。

2. 瓦斯"三带"划分依据

依据瓦斯的爆炸极限,将采空区划分为瓦斯逸散带、瓦斯可爆带和瓦斯抑爆带[140-144]:

(1)瓦斯逸散带:采空区内瓦斯浓度小于 5% 的区域,该区域内瓦斯未达到瓦斯爆炸极限,不会发生瓦斯爆炸。

(2)瓦斯可爆带:采空区瓦斯浓度大于 5% 但小于 16% 的区域,该区域内瓦斯浓度处于瓦斯爆炸极限内,当存在火源时可引发瓦斯爆炸。

(3)瓦斯抑爆带:采空区瓦斯浓度大于 16% 的区域,该区域内瓦斯浓度超过了瓦斯爆炸上限,高浓度的瓦斯反而起到了抑制爆炸的作用。

3. 瓦斯与煤自燃复合灾害危险区域划分

煤矿采空区瓦斯与煤自燃复合灾害主要表现形式为煤自燃引爆瓦斯引发群死群伤事故,灾害的发生需要满足煤自然发火以及瓦斯处于爆炸浓度范围之内两个条件。因此,本书数值模拟时将采空区氧气浓度为 10%～18% 且瓦斯浓度为 5%～16% 的区域定义为瓦斯与煤自燃复合灾害危险区域。

三、81303 小煤柱动态损伤过程中采空区气体流场及灾害范围演变规律

基于上述所建立的小煤柱工作面多场耦合模型,依照表 1-7 所设计方案进行模拟计算,结果如图 1-13、1-14 和 1-15 所示。

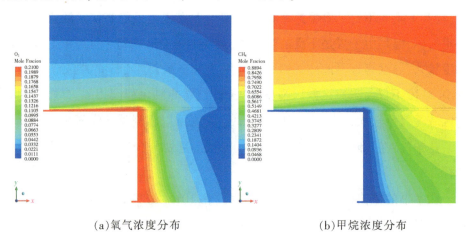

(a)氧气浓度分布　　　　　　　　　(b)甲烷浓度分布

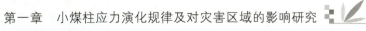

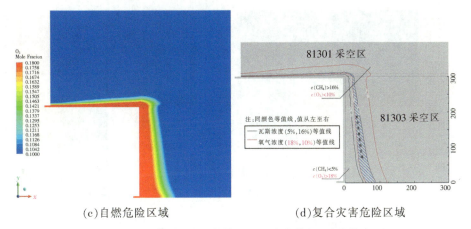

（c）自燃危险区域　　　　　　　（d）复合灾害危险区域

图 1-13　方案 1 采空区气体流场及灾害范围（正常状态）

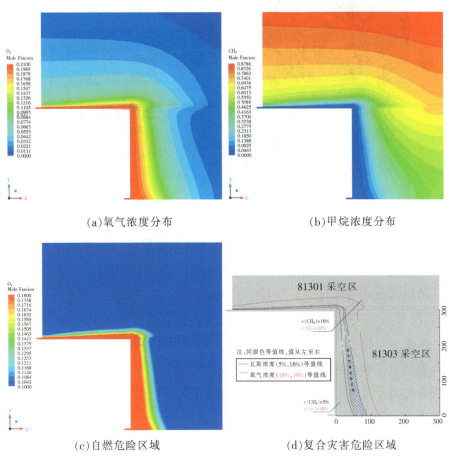

（a）氧气浓度分布　　　　　　　（b）甲烷浓度分布

（c）自燃危险区域　　　　　　　（d）复合灾害危险区域

图 1-14　方案 2 采空区气体流场及灾害范围（一般破损）

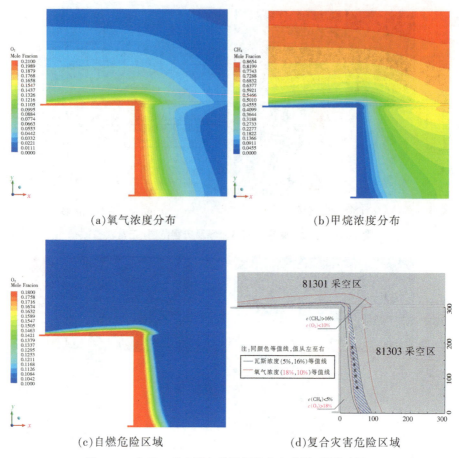

(a)氧气浓度分布　　　　　　　　　(b)甲烷浓度分布

(c)自燃危险区域　　　　　　　　　(d)复合灾害危险区域

图1-15　方案3采空区气体流场及灾害范围(严重破损)

由图1-13、1-14和1-15可知,随着小煤柱破损程度以及孔隙率的不断增加,工作面采空区与邻近老空区内部氧气与瓦斯流程发生跃迁,导致煤自燃危险区域以及瓦斯与煤自燃复合灾害危险区域的位置和面积也随之改变。整体而言,随着小煤柱孔隙率的增加,巷道向邻近老空区漏风量也与之俱增,导致氧气浓度分布梯度产生较大变化,自燃带向邻近老空区深部延伸;同时,由于瓦斯流场也随着小煤柱孔隙率的增加逐渐向邻近老空区深部偏移,导致瓦斯与煤自燃复合灾害危险区域边界距离巷道更远,致使复合灾害的预测与防治工作更难以实施。

为了更直观准确地分析小煤柱破损对煤自燃以及复合灾害危险区域的影响规律,计算得到不同破损状态小煤柱模拟方案中的自燃危险区域面积与复合灾害危险区域面积,如表 1-8 所示。将表 1-8 中数据作图,如图 1-16 所示。

表 1-8　小煤柱裂隙损伤模拟方案的灾害区域面积

方案	损伤程度	自燃危险区域面积/m²	复合灾害危险区域面积/m²
1	正常	22 834	5 905
2	一般	23 070	6 070
3	严重	23 914	6 367

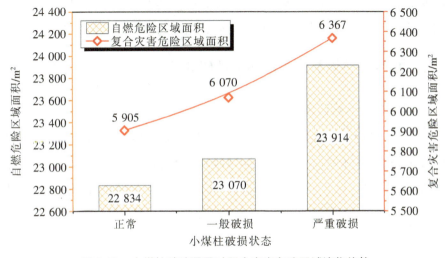

图 1-16　小煤柱破碎漏风过程中灾害危险区域演化趋势

由图 1-16 可知,工作面采空区与邻近老空区的自燃危险区域面积以及复合灾害危险区域面积随小煤柱损伤程度的增加而不断增大,基本呈线性正相关关系。表明采动反复影响下小煤柱内部裂隙的发育会诱导煤自燃与复合灾害区域位置发生偏移,同时也会扩大危险区域范围,致使煤自燃与复合灾害隐患加剧,预测防治工作更加困难,严重威胁煤矿安全高效生产。因此,亟须寻找合适封堵材料与采取技术措施对小煤柱进行加固堵漏,降低小煤柱渗透率,抑制或杜绝采空区复合灾害发生,保障煤矿安全生产。

第三节　小煤柱及邻近老空区注浆加固封堵必要性研究

基于本章第一节中建立的数值模型对小煤柱注浆加固封堵与邻近老采空区注浆阻化封堵前后氧气和瓦斯流场、煤自燃危险区域与瓦斯和煤自燃复合灾害危险区域分布状态进行了对比分析,研究小煤柱与邻近老空区注浆对煤自燃与复合灾害产生的抑制效应,明确注浆的必要性,为小煤柱瓦斯与煤自燃灾害的协同防治研究提供了方向,也为后续阻化封堵材料的研制奠定基础。

一、小煤柱注浆加固封堵必要性研究

1. 数值模拟方案设置

本节除了研究原始模拟(方案1)下的小煤柱工作面采空区自燃三带和瓦斯浓度分布之外,还模拟了小煤柱注浆加固,原、新生裂隙被有效封堵过程中小煤柱工作面采空区自燃三带和瓦斯浓度分布的演变过程,以此为基础揭示小煤柱注浆加固封堵对瓦斯与煤自燃灾害的影响机理。

具体小煤柱孔隙率设计方案如表1-9所示:

表1-9　小煤柱注浆加固封堵过程的孔隙率模拟方案

方案	模拟小煤柱注浆状态	小煤柱孔隙率
1	未注浆	P_C
4	少量注浆	$0.75P_C$
5	充分注浆	$0.50P_C$

2. 小煤柱加固封堵过程中气体流场与灾害区域演变规律

基于所建立的小煤柱工作面多场耦合模型,依照表1-9所设计方案进行模拟计算,结果如图1-17、1-18和1-19所示。

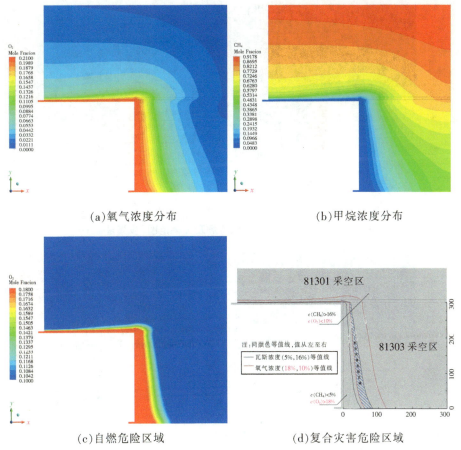

(a)氧气浓度分布　　　　　　　　　(b)甲烷浓度分布

(c)自燃危险区域　　　　　　　　　(d)复合灾害危险区域

图1-17　方案1采空区气体流场及灾害范围(未注浆)

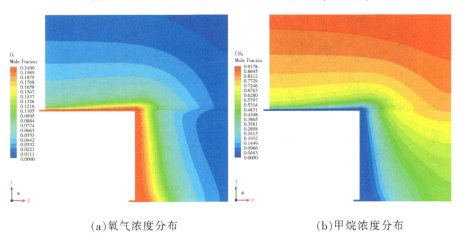

(a)氧气浓度分布　　　　　　　　　(b)甲烷浓度分布

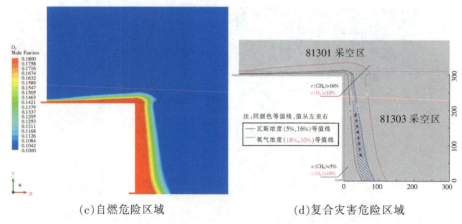

（c）自燃危险区域　　　　　　　　（d）复合灾害危险区域

图 1-18　方案 4 采空区气体流场及灾害范围（少量注浆）

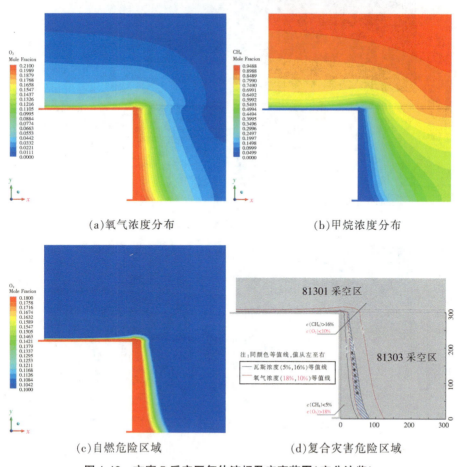

（a）氧气浓度分布　　　　　　　　（b）甲烷浓度分布

（c）自燃危险区域　　　　　　　　（d）复合灾害危险区域

图 1-19　方案 5 采空区气体流场及灾害范围（充分注浆）

由图 1-17、1-18 和 1-19 可知,随着小煤柱注浆加固封堵工作的不断进行,小煤柱孔隙率持续降低,使得巷道向邻近老空区漏风量显著降低,导致氧气与瓦斯流场产生"回缩"效应,煤自燃危险区域以及瓦斯与煤自燃复合灾害危险区域的位置和面积也随之改变。

3. 小煤柱加固封堵对煤自燃与复合灾害的抑制效应

为了更直观准确地分析小煤柱注浆加固封堵对煤自燃以及复合灾害危险区域的影响规律,计算得到不同注浆状态小煤柱模拟方案中的自燃危险区域面积与复合灾害危险区域面积,如表 1-10 所示。将表 1-10 中数据作图,如图 1-20 所示。

表 1-10 小煤柱注浆加固封堵模拟方案下灾害区域面积

编号	注浆状态	自燃危险区域面积/m²	复合灾害危险区域面积/m²
1	未注浆	22 834	5 905
2	少量注浆	20 748	5 040
3	充分注浆	17 972	4 439

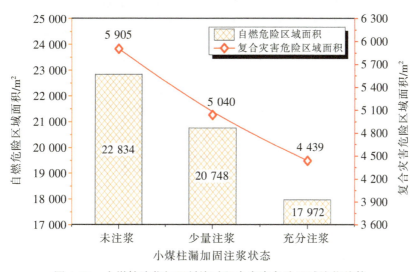

图 1-20 小煤柱注浆加固封堵过程中灾害危险区域演化趋势

由图可知,工作面采空区与邻近老空区的自燃危险区域面积以及复合灾害危险区域面积随小煤柱注浆程度的增加而不断减小,基本呈线性负相关关系。表明持续充分注浆后小煤柱内部原、新生裂隙得到有效封堵,小煤柱孔隙率与渗透率同步降低,使得巷道向邻近老空区漏风量显著减小,煤自燃与复合灾害危险区域面积大幅降低且发生位置更贴近巷道,有利于监测与防治工作开展。因此,开展破碎小煤柱注浆加固封堵工作能有效抑制采空区煤自燃以及瓦斯与煤自燃复合灾害的发生,对于降低灾害危险区域面积是非常必要的。

二、邻近老空区注浆加固封堵必要性分析

1. 数值模拟方案设置

本节除了研究原始模拟(方案 1)以及小煤柱充分注浆加固封堵(方案 5)下的工作面采空区自燃三带和瓦斯浓度分布之外,还模拟了邻近老空区注浆加固,注浆区域原、新生裂隙被有效封堵过程中小煤柱工作面采空区自燃三带和瓦斯浓度分布的演变过程,以此为基础揭示邻近老空区注浆加固封堵对瓦斯与煤自燃灾害的影响机理。

具体小煤柱与邻近老空区浆液流动带孔隙率设计方案如表 1-11 所示,这里设定浆液流动带宽度为 10 m。

表 1-11　邻近老空区注浆加固封堵孔隙率模拟方案

方案	模拟小煤柱注浆状态	小煤柱孔隙率	模拟邻近老空区注浆状态	邻近老空区浆液流动带孔隙率
1	未注浆	P_C	未注浆	P_J
5	充分注浆	$0.50P_C$	未注浆	P_J
6	充分注浆	$0.50P_C$	少量注浆	$0.75P_J$
7	充分注浆	$0.50P_C$	充分注浆	$0.50P_J$

2. 邻近老空区加固封堵过程中气体流场与灾害区域演变规律

基于所建立的小煤柱工作面多场耦合模型,依照表 1-11 所设计方案 6 和 7 进行模拟计算,结果如图 1-21 和 1-22 所示。

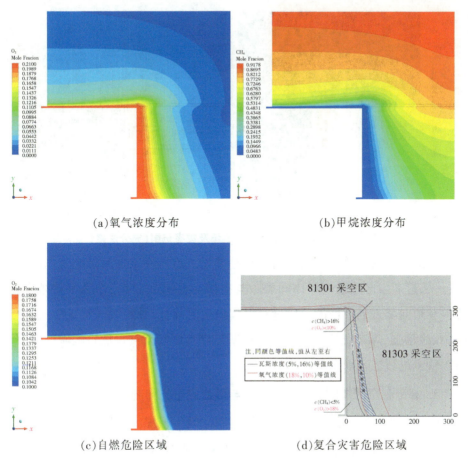

(a)氧气浓度分布　　　　　　　　　(b)甲烷浓度分布

(c)自燃危险区域　　　　　　　　　(d)复合灾害危险区域

图 1-21　方案 6 采空区气体流场及灾害范围(少量注浆)

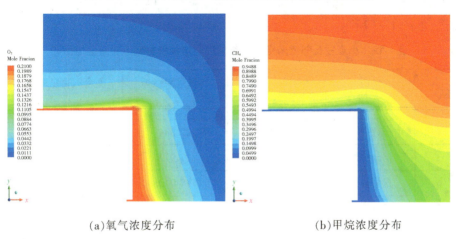

(a)氧气浓度分布　　　　　　　　　(b)甲烷浓度分布

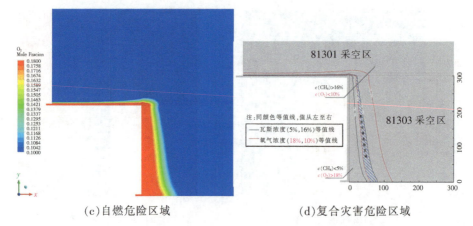

(c)自燃危险区域　　　　　　　(d)复合灾害危险区域

图 1-22　方案 6 采空区气体流场及灾害范围(充分注浆)

由图 1-21 和 1-22 可知,随着小煤柱邻近老空区注浆加固封堵工作的不断进行,邻近老空区内破碎煤体间裂隙与空隙得到有效封堵,渗透率持续降低,使得巷道向邻近老空区的漏风量有更大幅度的降低,导致氧气与瓦斯流场"回缩"效应增强,煤自燃危险区域以及瓦斯与煤自燃复合灾害危险区域的位置和面积较未进行注浆前变化显著。

3. 邻近老空区加固封堵对煤自燃与复合灾害的抑制效应研究

为了更直观准确地分析小煤柱邻近老空区注浆加固封堵对煤自燃以及复合灾害危险区域的影响规律,计算得到不同注浆状态小煤柱模拟方案中的自燃危险区域面积与复合灾害危险区域面积,如表 1-12 所示。将表 1-12 中数据作图,如图 1-23 所示。

表 1-12　小煤柱及邻近老空区注浆加固封堵模拟方案下灾害区域面积

编号	小煤柱 注浆状态	邻近老空区 注浆状态	自燃危险区域 面积/m^2	复合灾害危险区域 面积/m^2
1	未注浆	未注浆	22 834	5 905
3	充分注浆	未注浆	17 972	4 439
6	充分注浆	少量注浆	17 940	4 269
7	充分注浆	充分注浆	17 661	4 075

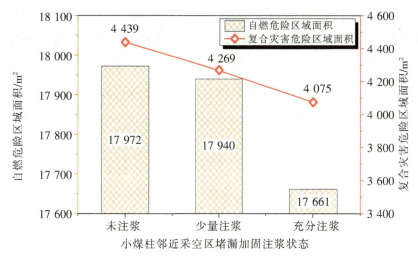

图 1-23　邻近老空区注浆加固封堵过程中灾害危险区域演化趋势

由图 1-23 可知,工作面采空区与邻近老空区的自燃危险区域面积以及复合灾害危险区域面积均随邻近老空区注浆程度的增加而不断减小;其中,复合灾害危险区域面积与注浆程度基本呈线性负相关关系。表明持续充分注浆后小煤柱邻近老空区侧破碎煤体内部原、新生裂隙得到有效封堵,邻近老空区侧煤体孔隙率与渗透率同步降低,使得巷道向邻近老空区的漏风量进一步减小,煤自燃与复合灾害危险区域面积显著降低且发生位置更贴近于巷道,对监测与防治工作的开展更加有利。因此,开展小煤柱邻近老空区破碎带注浆加固封堵工作对于有效抑制采空区煤自燃,降低灾害危险区域面积也是非常必要的。

第四节　本章小结

本章基于计算机数值模拟技术,以华阳一矿 81303 工作面小煤柱为研究背景,采用 FLAC^{3D} 数值模拟软件建立了 81303 小煤柱三维立体模型,基于此动态分析了小煤柱两侧巷道掘进以及 81303 工作面回采过程中小煤柱内部应力及塑性损伤范围演化规律,揭示了采动影响下小煤柱疲劳损伤机理。采用 ANSYS Fluent 数值模拟软件建立了 81303 小煤柱工作面采空区以及邻近老空区三维立体气-固耦合模型,基于此动态分析了小煤柱裂隙发育过程中采空区内氧气、瓦斯流场以及煤自燃与复合灾害危险区域的演变跃迁规律,揭示了小煤柱裂隙发育对煤自燃与复合灾害的影响机理;另外,还基于此模型对比分析了小煤柱与邻近老空区注浆前后煤自燃与复合灾害危险区域面积,明确了注浆工作对瓦斯与煤自燃灾害防治的必要性。主要结论如下。

(1)81301 进风巷掘进过程中,距离掘进头 80 m 范围内实体煤帮内应力开始降低,在掘进头处降低至 11.5 MPa,而在距离掘进头 80 m 以外的范围内实体煤帮内应力基本保持不变,应力值稳定在 14.5 MPa 左右;81303 进风巷掘进形成以后,应力向实体煤帮转移,造成实体煤边缘应力峰值较大,导致浅部煤体破碎严重,承载能力减弱。

(2)在 81303 回风巷掘进期间,煤柱两帮出现明显剪切破坏,剪切破坏深度为 1.2 m,煤柱内部出现张拉损伤,损伤深度为 1.8 m;且煤柱中心区域弹性承载区宽度为 1.5 m,表明 81303 巷道掘进期间煤柱出现进一步损伤,损伤深度增加,造成煤柱内部裂隙进一步发育。

(3)在 81303 工作面回采期间,煤柱两帮剪切破坏程度进一步加剧,剪切破坏深度为 2.2 m,煤柱内部张拉损伤深度为 2.8 m;且煤柱中心区域弹性承载区宽度为 1.1 m,表明 81303 工作面回采期间煤柱出现进一步损伤,损伤深度增加,煤柱内部裂隙进一步发育。

(4)采动反复影响下小煤柱内部裂隙的发育会诱导煤自燃与复合灾害区域位置发生偏移,灾害发生区域逐渐向采空区深部延伸,同时也会扩大危险区域范围,致使煤自燃与复合灾害隐患加剧,预测防治工作更加困难,严重威胁煤矿安全高效生产。

(5)小煤柱持续充分注浆后内部原、新生裂隙得到有效封堵,小煤柱孔隙率与渗透率同步降低,使得巷道向邻近老空区漏风量显著减小,使得工作面采空区与邻近老空区的自燃危险区域面积以及复合灾害危险区域面积随小煤柱注浆程度的增加而不断减小,基本呈线性负相关关系;因此,开展破碎小煤柱注浆加固封堵工作对于防治瓦斯与煤自燃灾害是非常必要的。

（6）邻近老空区侧持续充分注浆后破碎煤体内部原、新生裂隙得到有效封堵，邻近老空区侧煤体孔隙率与渗透率同步降低，使得巷道向邻近老空区的漏风量进一步减小，煤自燃与复合灾害危险区域面积显著降低且发生位置更贴近于巷道，对监测与防治工作的开展更加有利；因此，开展邻近老空区破碎带注浆加固封堵工作对于防治瓦斯与煤自燃灾害是非常必要的。

第二章　阻化封堵材料优选与制备研究

通过第一章的模拟分析可知,采动会破坏小煤柱结构,激励裂隙产生,进而诱发瓦斯与煤自燃灾害,而对小煤柱加固封堵及邻近老空区阻化封堵能有效降低自燃氧化带的宽度、范围以及煤自燃引爆瓦斯带的面积,这是防治小煤柱瓦斯与煤自燃灾害的关键。而现有的阻化封堵材料阻化功能较为单一,基本以物理阻化为主,依靠材料内部水分蒸发降温与覆盖在煤体表面隔绝氧气来抑制煤自燃进程;初期阻化效果较好,但当水分蒸发殆尽且材料内部出现漏风通道后阻化效果显著降低,煤自燃隐患急剧增大。因此,对阻化封堵材料进行优选制备是降低小煤柱瓦斯与煤自燃风险,保障矿井安全生产的重要途径。本章优选高水材料作为物理阻化基础骨料,添加适量的抗氧阻化剂,通过相关测试与分析后,制备出既具有一定结构强度,又兼备物理阻化与化学阻化性能于一体的高水抗氧型阻化封堵材料,并基于测试结果确定了该材料的最优配比。

第一节　物理阻化基础骨料优选与性能测试

一、物理阻化基础骨料优选

正如本书绪论所述,传统的物理阻化材料主要以黄泥、水泥以及粉煤灰等材料为主,鉴于这些材料脱水后易产生裂缝,影响充填堵漏以及井下防灭火效果,加之凝胶、聚氨醋泡沫等材料因为成本较高以及环保问题未能在煤矿井下得到广泛使用的现实状况,优选出一种成本低廉,脱水后物理阻化封堵较好且具有一定抗压强度的无机防灭火材料势在必行,而高水材料正好具备上述材料的各项性能。

高水材料的研究可追溯至 20 世纪 80 年代初英国煤炭研究院研发的被称作"Aquapak"的混合水泥[145],它可以在水体达到 85% 的情况下凝固,其用料约为 500 kg/m³。1982 年,另一种材料性能优于 Aquapak 的新型材料问世,称作 Tekpak[146],它的用料量约为 364 kg/m³,其泵送时间由 Aquapak 的 45 min 增加到 180 min,成本也大幅度降低。Tekpak 由 Aquabent 和 Aquacem 两种物料构成,两种物料按照 1∶1 的比例与水拌后分别泵送至充填地点混合,凝固时间缩短至 20 min。中国最早的高水材料是由中国矿业大学于 20 世纪 80 年代中期研究开发成功,被称为"ZDK 充填材料",ZDK 的主要性能指标是水灰比 2.5∶1,可泵送时间大于 24 h,初凝时间 2 h、24 h、7 d 的抗压强度分别是 2.05 MPa、3.97 MPa、5.08 MPa。此后中国矿业大学又将 ZDK 高水充填材料应用在了"八五"重点科技攻关项目"沿空留巷机械化构筑护巷带技术"上,并在山东新汶翟镇煤矿进行了现场应用试验[147]。

甲、乙两种单浆液以 1∶1 的体积比混合后形成的混合浆液经一定时间后凝固,形成具有一定强度的充填体,材料强度和胶凝时间可根据添加剂和配比进行调整。研究表明,甲、乙两种单浆液水化反应后生成大量的钙矾石,其分子式为 $3CaO \cdot Al_2O_3 \cdot 3CaSO_4 \cdot 32H_2O$。钙矾石属于钙铝硫酸盐矿物,是一种无色到黄色的矿物晶体,通常为无色柱状晶体,部分脱水会变成白色,含结晶水比较高,结构为纤细的丝网状结构,同时有凝胶类物质充填其间,这种结构具有很高的保水性能。高水材料还具有良好的渗透性和流动性,不仅能密实采空区或垮落带,而且可渗透到煤层中的大小裂隙中[148]。

目前高水充填材料在巷旁充填、注浆堵水、油井堵水、三软煤层的注水防尘封孔、软土地基处理、壁后充填、软岩加固等方面得到了广泛的应用。

实践证明,高水材料在煤矿小煤柱开采及采空区防灭火方面潜力巨大。2011 年 10 月,山西吕梁金地煤矿根据高水材料成本低、高保水性特性、降温效率高、工艺简单等特点,采用高水材料综合灭火技术成功地治理了金地煤矿 13 号煤层回风下山与 1311 回风巷及回风大巷交叉处巷道冒顶区的火灾[149]。之后推广应用于山西柳林大庄煤矿、山东临沂田庄煤矿、冀中能源井径煤矿等 11 个煤矿,均取得了非常理想的效果[150]。崔坤伟[151]研究了高水材料的阻化性、渗透性能以及堵漏风性能,确定了不同煤种、不同颗粒粒度煤样的最优渗透性,提出了最佳水灰比。杨胜强等[148]通过对比实验研究发现,高水材料对煤自燃过程中煤自燃升温速率、标志性气体生成速率有抑制作用,证明了高水材料的阻燃效果要优于黄泥材料。邓敏等[152]开展了高水材料流动渗透性能实验和抑制煤堆自燃实验,实验结果表明煤块间的间隙宽度和高水材料的水灰比对流动渗透性影响显著,还通过三河尖煤矿防灭火工程实践应用表明高水无机材料水灰比在 28∶1 时有较好的防灭火效果。

依据学者研究可知,高水材料对于小煤柱及邻近老空区阻燃防灭火机理主要体现在以下几个方面。

(1)高水材料流动性好、致密性强,且具有一定的韧性,注入小煤柱与邻近老空区破碎带后能有效封堵原生裂隙与空隙以及由采动和应力迁移作用产生的新生裂隙,封堵小煤柱与邻近老空区间漏风通道,减少小煤柱两侧巷道与邻近老空区间的气体交换,降低邻近老空区向巷道的瓦斯涌出量,杜绝瓦斯超限,保障安全生产。

(2)高水材料注入破碎带后能够将破碎煤体胶结在一起,使其结构强度与抗破坏能力大幅增强,显著降低了采动与地应力对小煤柱裂隙演化的影响幅度,抑制了裂隙网延伸,延缓了工作面回采期间小煤柱漏风量的增长,进而减少了邻近老空区向巷道的瓦斯涌出量。

(3)高水材料包覆在煤体表面后形成一层致密性薄膜,在隔绝煤氧接触的同时抑制瓦斯解吸,减少邻近老空区遗煤向自由空间的瓦斯释放量,在一定程度上降低了小煤柱邻近老空区侧瓦斯浓度以及巷道与邻近老空区之间的瓦斯浓度差,进而降低了瓦斯涌出量与涌出速率。

(4)高水材料封堵裂隙与空隙后在破碎煤体之间形成了众多密闭阻隔,将破碎煤体网格分割开来,而热量在流经高水材料阻隔后大幅减小,导致破碎带难以形成稳定的蓄热环境,煤氧复合反应也难以持续进行。

(5)高水材料含水率高,且本身不可燃,具有较强的物理阻化效果。水是高水材料重要的组成部分,最高占比可达 95% 以上,而水分的蒸发吸热会延缓煤体氧化进程,降低煤氧复合反应程度。

鉴于高水材料成本较为低廉,制备工艺也相对简单,且具有一定的防灭火特性,在煤矿井下小煤柱注浆加固及采空区瓦斯与煤自燃复合灾害防治领域,该材料具有广阔的应用前景。综上所述,本书选择高水材料作为阻化封堵材料的基础骨料。

二、高水材料初凝时间测试

高水材料甲、乙两种单浆混合后,由于发生化学反应,原本具有一定流动性的浆液凝固失去流动性,把浆液从混合到凝固所用的时间称为凝结时间。对于小煤柱及邻近老空区封堵防灭火而言,高水材料凝结时间过短容易导致材料堵塞注浆管路以及未能有效封堵更多更深裂隙;凝结时间过长容易导致材料在重力作用下流失,致使破碎煤柱及邻近老空区上部裂隙封堵效果较差。所以,高水材料初凝时间的长短对材料输送距离以及堵漏防灭火效果均具有较大程度影响。

1. 凝结时间的测量

本实验采用袋式法来测量高水材料的凝结时间,具体实验方法为:按照一定水灰比选用20℃的自来水配制一定体积的甲、乙两种单浆,将两种浆液按照1∶1的体积比例均匀混合并充分搅拌15 s,迅速把混合液装入尺寸为50 mm×100 mm×20 mm的密封袋中,最后将密封袋置于可旋转的橡胶板上并开始计时,当橡胶板倾斜45°而浆液不发生流动时的最短时间记为高水材料凝结时间,具体装置示意如图2-1所示。

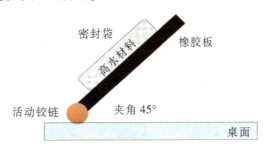

图2-1 高水材料凝结时间袋式测量法示意图

2. 温度及料水比对凝结时间的影响

通过实验测得不同料水比的高水材料浆液在各个温度下的凝结时间并进行汇总,如表 2-1 所示。

表 2-1　不同温度及料水比条件下的高水材料凝结时间

料水比	不同温度时高水材料凝结时间/min				
	20℃	25℃	30℃	35℃	40℃
1:4	2	2	2	2	1
1:8	3	3	3	2	2
1:12	6	5	4	4	3
1:16	10	8	7	6	6
1:20	17	12	10	9	8

图 2-2 展示了不同环境温度下高水材料凝结时间随料水比增加的变化趋势,由图可知,整体而言,不同温度条件下高水材料的凝结时间均随料水比的减小,整体呈现出先缓慢增加后快速增加的趋势,与环境温度的大小无关。表明高水材料中水分含量越高,甲、乙两种材料之间凝固反应所需的时间也更长,导致高水材料的凝结时间也更长。因此,可以通过调节料水比改变高水材料的凝结时间,以实现防灭火效果最大化。

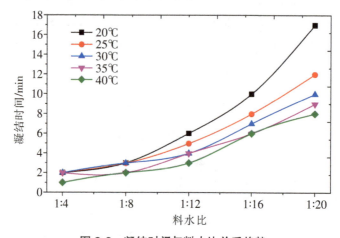

图 2-2　凝结时间与料水比关系趋势

图 2-3 展示了不同料水比的高水材料凝结时间随环境温度增加的变化趋势,由图可知,整体而言,不同料水比的高水材料凝结时间均随环境温度的增加整体呈现出先快速降低后缓慢降低的趋势,与料水比的大小无关。表明高水材料所处环境温度越高,甲、乙两种材料之间凝固反应所需的时间越短,导致高水材料的凝结时间也更短。因此,也可以通过调节制料用水温度改变高水材料的凝结时间,以实现防灭火效果最大化。

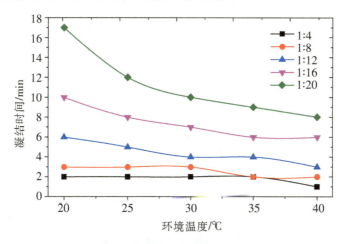

图 2-3　凝结时间与温度关系趋势

三、高水材料失水率测试

高水材料甲、乙两种材料水化反应后生成的主要水化物为钙矾石,其分子式为 $3CaO \cdot Al_2O_3 \cdot 3CaSO_4 \cdot 32H_2O$,其独特的丝状网络结构可以将自由水锁定在其结构分子中,使其具备良好的保水性能,这是高水材料保持高水的重要原因。高水材料由于内部孔隙结构的毛细作用,随着时间及温度等外在因素的变化,材料将因为其中的水分大部分流失而失去稳定性。温度升高会加速高水材料的失稳进程。

高水材料含水率高,且本身不可燃,具有较强的物理阻化效果。水是高水材料重要的组成部分,最高占比可达 95% 以上,而水分的蒸发会吸收大量热量,显著降低破碎煤体以及周围环境温度,从而延缓煤体氧化进程,降低煤氧复合反应程度。但当高水材料内部水分流失蒸发后,其对煤自燃的物理阻化以及对环境温度增加的抑制效果大幅降低。

因此,高水材料的失水率是评判其阻燃灭火性能的重要指标。其具体测试流程如下。

1. 实验方法

制备一定质量的、水灰比分别为 10∶1、15∶1、20∶1 的高水材料,模拟煤矿井下低气流环境,将其密封并开一小孔后分别置于 60℃ 的恒温干燥箱(图2-4)中放置 1、3、5 和 7 d,取出后将其冷却至室温,倒出析出的自由水并称重。用失水率 ε 来考察高水材料在 60℃ 时的稳定性。失水率 ε 的计算公式如式2-1 所示。

$$\varepsilon = \frac{m_0 - m_i}{m_0} \times 100\% \qquad (2\text{-}1)$$

其中 m_0——高水材料的初始质量,g;

m_i——放置一段时间后的高水材料质量,g。

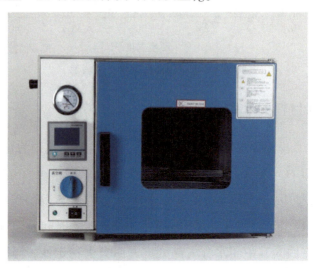

图 2-4　恒温干燥箱

2. 结果分析

实验结果见表 2-2。

表 2-2　60℃低空气流环境下不同水灰比高水材料的失水率

水灰比	放置时间/d	失水率/%	平均失水率/%
10∶1	1	1.47	1.56
	3	1.32	
	5	1.91	
	7	1.55	
15∶1	1	1.93	1.88
	3	1.82	
	5	1.91	
	7	1.85	
20∶1	1	2.22	2.04
	3	2.07	
	5	1.96	
	7	1.91	

从表 2-2 可知,三种水灰比的高水材料失水率都较低,且失水率与存放天数无明显关系;这表明高水材料在较高环境温度、低空气流环境下保水性能非常良好。这是由于低水灰比的高水材料内部的钙矾石丝状网络结构更加致密,从而导致其对水的结合作用更强。由此可以判断出高水材料能在较高环境温度、低空气流环境下在煤体表面保持长时间稳定,可大大延长煤的自然发火潜伏期。

四、高水材料黏度测试

黏度是指流体对流动所表现的阻力。高水材料甲、乙两种单浆混合后,由于发生化学反应导致原本流动性较强的浆液凝结固化而导致流动性大幅降低,宏观上表现为黏度发生跃迁。对于小煤柱及邻近老空区封堵防灭火而言,高水材料黏度过大容易导致材料堵塞注浆管路以及未能有效封堵更多更深裂隙;高水材料黏度过小容易导致材料在重力作用下流失,致使破碎煤柱及邻近老空区上部裂隙封堵效果较差。因此,高水材料黏度的大小对材料输送距离以及堵漏防灭火效果均具有较大程度影响。

1. 实验方法

制备一定质量的(250 g 左右)、料水比分别为 1∶4、1∶12、1∶20 的高水材料,将其分别置于直径为 10 cm、高为 10 cm 的圆柱形不锈钢器皿中,采用上海精天电子仪器有限公司生产的 NDJ-8S 型数显旋转式黏度计(图2-5)对制备的高水材料黏度进行测定分析,测定过程中每隔 1 min 记录一次数据。

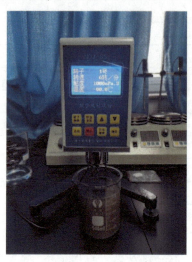

图 2-5　NDJ-8S 型数显旋转式黏度计

2. 测定结果

依照上述黏度测试方法测量不同料水比的高水材料在不同时间时的黏度数值,将数据汇总作图,如图 2-6 所示。

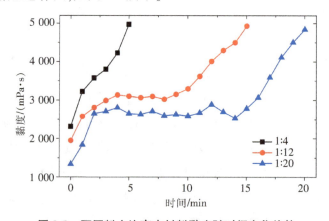

图 2-6　不同料水比高水材料黏度随时间变化趋势

由图 2-6 结合分析可知,高水材料甲、乙两种单浆液混合后快速发生水化反应,生成大量导致钙矾石,导致新制备的不同料水比的高水材料的黏度在混合初期短时间内(<3 min)均会出现一次骤增;随后黏度在短时间内保持相对稳定。

通过初凝时间、失水率以及黏度等基础性能指标测试及理论分析,结果表明兼具物理阻化与密封堵漏性能于一体的高水材料可以作为阻化封堵材料的物理阻化成分,是理想的基础骨料。

第二节　受阻酚类协效抗氧剂的阻化机理与复配

一、受阻酚类协效抗氧剂的阻化机理

1. 抗氧剂种类与复配选择

抗氧剂是可以有效抑制或延缓聚合物氧化过程,防止聚合物老化失效的一类化学物质[153-156]。依据作用机理不同,抗氧剂主要可分为自由基清除型抗氧剂,如 N-苯基-α-萘胺($C_{16}H_{13}N$)和四[β-(3,5-二叔丁基-4-羟基苯基)丙酸]季戊四醇酯($C_{73}H_{108}O_{12}$)等;过氧化物分解型抗氧剂,如二烷基二硫代氨基甲酸锌($C_6H_{12}N_2S_4Zn$)和二烷基二硫代磷酸锌($C_{28}H_{60}O_4P_2S_4Zn$)等;金属灭活型抗氧剂,如苯并三氮唑衍生物($C_6H_5N_3$)和巯基苯并噻唑衍生物($C_7H_5NS_2$)三类。

煤自燃自由基理论[157-167]认为,外力(地应力、采煤机切应力等)作用下煤体破碎过程中内部共价键断裂,自由基链式反应持续进行,产生 CO、CO_2、甲醛、甲醇等生成物并释放出大量热量,引发破碎煤体持续升温,最终自燃起火。其中,煤体自由基链式氧化基本反应如图 2-7 所示:

$$R—R' \xrightarrow{\text{外力任务}} R\cdot + R'\cdot$$

$$R\cdot + O_2 \xrightarrow{\text{氧化反应}} R—O—O\cdot$$

$$R—O—O\cdot + R'H \xrightarrow{\text{放热反应}} R—O—O—H + R'\cdot$$

图 2-7　煤自燃过程中自由基氧化反应示意图

因此,可以通过抑制破碎煤体自由基的产生或消除产生的自由基来抑制或延缓煤自燃进程,达到防治煤自燃的目的。而自由基清除抗氧剂能有效清除塑料、橡胶、煤炭等有机聚合物中原生和新生自由基,显著降低有机聚合物氧化程度,是煤自燃阻化抗氧剂的最优选择之一。自由基清除抗氧剂主要包含酚型抗氧剂与胺型抗氧剂两种,其中,酚型抗氧剂中的受阻酚型抗氧剂具有捕捉自由基作用、受热作用较低等优点,被广泛用作塑料、橡胶及黏合剂等有机聚合物的抗氧剂,是煤矿防治煤自燃阻化抗氧剂的最佳选择之一。

众多学者研究表明,单一抗氧剂价格高昂,效果单一,需要进行复配以降低成本并增强效能,而受阻酚-亚磷酸酯类复配是目前最为常用的抗氧剂复配方案,具有价格低廉、抗氧化效果好、有效时间长等优点[168-170]。因此,为了提高抗氧化效果并延长有效时间,本书选择热稳定性与抗氧化性显著的多元受阻酚型抗氧剂(N,N'-双-(3-(3,5-二叔丁基-4-羟基苯基)丙酰基)己二胺)作为主抗氧剂,选择亚磷酸酯抗氧剂(三[2,4-二叔丁基苯基]亚磷酸酯)作为辅助抗氧剂,通过两者复配制备具有协同抗氧化效应的受阻酚类协效抗氧剂。

2. 受阻酚类协效抗氧剂的阻化机理

N,N'-双-(3-(3,5-二叔丁基-4-羟基苯基)丙酰基)己二胺抗氧剂含有多种活性较高的反应性基团,如—OH 或—NH 等,在外界环境改变影响下,O—H 与 N—H 等化学键容易断裂,导致 H 原子从基团脱落。脱落下来的 H 原子与煤自燃过程中产生的自由基(R·)或(ROO·)反应结合,形成稳定性较强的过氧化物 ROOH 以及化合物 RH,酚类自由基又能进一步与煤体内部自由基反应结合,形成稳定性更高的化合物,进而导致自由基反应链终止,抑制或延缓了煤自燃进程。自由基清除反应示意图如图 2-8 所示。

$$煤自燃 \longrightarrow ROO· + R·$$

$$ArOH \longrightarrow ArO· + H·$$

$$ROO· + H· \longrightarrow ROOH$$

$$R· + H· \longrightarrow RH$$

$$ArO· + R· \longrightarrow RArO$$

$$ArO· + ROO· \longrightarrow ROOArO$$

图 2-8　自由基链终止反应示意图

由于 N,N'-双-(3-(3,5-二叔丁基-4-羟基苯基)丙酰基)己二胺抗氧剂阻断煤自燃过程中自由基链式反应时产生大量过氧化物 ROOH,而 ROOH 在外部环境发生剧烈变化时易分解成 ROO· 与 H·,导致煤中自由基增多,自燃危险性增大。因此,需要复配辅抗氧剂来清除煤体内部过量的 ROOH,而三[2,4-二叔丁基苯基]亚磷酸酯辅抗氧剂可以将 ROOH 还原成 ROH(醇),消除了受阻酚类抗氧剂作为主抗氧剂带来的弊端。具体反应式如式(2-2)所示。

$$ROOH+(R'O)_3P \longrightarrow ROH+(R'O)_3P{=\!=}O \tag{2-2}$$

通过 N,N'-双-(3-(3,5-二叔丁基-4-羟基苯基)丙酰基)己二胺抗氧剂(主抗氧剂)与三[2,4-二叔丁基苯基]亚磷酸酯抗氧剂(辅抗氧剂)复配能发挥最大的阻化协效作用,在阻断煤自由基链式反应的同时有效清除衍生过氧化物,持续高效抑制煤体氧化,进而杜绝煤自燃灾害的发生。

二、受阻酚类协效抗氧剂的配比优化

通过上述分析可知,N,N'-双-(3-(3,5-二叔丁基-4-羟基苯基)丙酰基)己二胺抗氧剂(主抗氧剂)与三[2,4-二叔丁基苯基]亚磷酸酯抗氧剂(辅抗氧剂)进行复配后能最大程度发挥材料的抗氧化性能,但目前对于二者复配后对煤自燃的阻化性能以及最优复配比例的研究尚未开展。同时,为了给阻化封堵材料的制备提供实验依据,本书从协效抗氧剂抑制煤氧复合反应角度出发,以煤氧化发热量为考察指标,研究了协效抗氧剂对煤自燃的阻化过程,并确定了阻化效果最优时主抗氧剂与辅抗氧剂的复配比例。

1. 实验方法与流程

首先,将从山西华阳新材料科技集团有限公司一矿采集到的煤样破碎,通过振动筛筛选出粒径小于 80 目的煤样,筛选完毕后密封避光保存,防止煤样氧化。然后,将主、辅氧化剂分别按照①1:2、②2:2、③3:2、④4:2、⑤5:2、⑥6:2 的物质的量比配制成不同主辅配比的协效抗氧剂,配制完成后依照2% 的质量比向原煤中加入协效抗氧剂,混合均匀后倒入棕色玻璃瓶内,放置于阴凉、通风、干燥的试样柜中。为了更精准科学地对比分析协效氧化剂的阻化效果,本实验设置原煤对照组与添加协效抗氧剂的阻化组进行对比,为了保证实验的单一变量原则,原煤对照组配制方案为向原煤中按照2% 的质量比添加不与煤体发生化学反应的二氧化硅(SiO_2)。最后,定期(25 d、50 d、75 d、100 d)测量并记录原煤对照组和阻化组发热量的数值大小。

煤样工业分析测试参考国标《GB/T212-2001 煤的工业分析方法》进行,测量仪器为 5E-MAG6600B 型煤岩全自动工业分析仪。全自动工业分析仪如图 2-9 所示,具体参数为:最大试样个数,19 个/次;控温范围,室温~999 ℃;控温精度,±5 ℃;功率,≤9 kW。

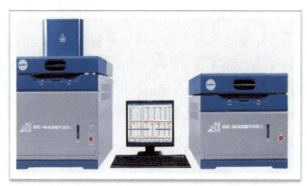

图 2-9　煤岩全自动工业分析仪

煤样发热量测试参考国标《GB/T 213-2008 煤的发热量测定方法》进行,测量仪器为 ZDHW-300 型全自动量热仪。全自动量热仪如图 2-10 所示,具体参数为:测温范围,5~40 ℃;温度分辨率,0.000 1 K;精密度,≤0.1%;单样测试时间,9 min 左右;热容量,约 10 450 J/K。

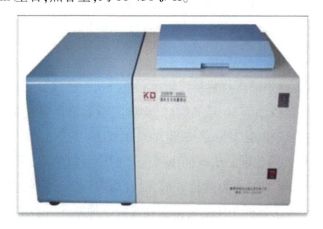

图 2-10　煤岩全自动量热仪

2. 实验结果与分析

原煤与原煤对照组的工业分析以及发热量测量值如表 2-3 所示。

表 2-3　原煤与原煤对照组的工业分析及发热量测定

煤样名称	测定指标				
	$M_{ad}/\%$	$A_{ad}/\%$	$V_{ad}/\%$	$FC_{ad}/\%$	$Q_{ad}/(kJ/g)$
原煤	3.15	13.07	10.39	73.39	33.01
原煤对照组	3.08	15.14	10.21	71.57	32.36

通过对比原煤与原煤对照组工业分析与发热量测量结果可知,原煤中加入 SiO_2 后,煤样的水分(M_{ad})、挥发分(V_{ad})、固定碳(FC_{ad})以及发热量(Q_{ad})均有小幅度降低,而灰分(A_{ad})则显著增大;最后,原煤对照组初始挥发分为 10.21%,发热量为 32.36 kJ/g。

各组试样储存 25 d、50 d、75 d、100 d 后的发热量的测量值以及变化量如表 2-4、表 2-5、表 2-6、表 2-7 所示。

表 2-4　储存 0 到 25 d 之内各试样的发热量变化

试样编号	发热量与变化量	
	$Q_{ad}/(kJ/g)$	$Q_{ad}/(kJ/g)$
1(原煤对照组)	32.17	32.17
2(主：辅＝1：2)	32.23	32.23
3(主：辅＝2：2)	32.24	32.24
4(主：辅＝3：2)	32.24	32.24
5(主：辅＝4：2)	32.26	32.26
6(主：辅＝5：2)	32.28	32.28
7(主：辅＝6：2)	32.27	32.27

表 2-5　储存 25 到 50 d 之内各试样的发热量变化

试样编号	发热量与变化量	
	$Q_{ad}/(kJ/g)$	$Q_{ad}/(kJ/g)$
1(原煤对照组)	31.73	31.73
2(主：辅＝1：2)	31.95	31.95
3(主：辅＝2：2)	31.99	31.99

试样编号	发热量与变化量	
	$Q_{ad}/(kJ/g)$	$Q_{ad}/(kJ/g)$
4(主：辅=3：2)	32.01	32.01
5(主：辅=4：2)	32.05	32.05
6(主：辅=5：2)	32.08	32.08
7(主：辅=6：2)	32.05	32.05

表 2-6　储存 50 到 75 d 之内各试样的发热量变化

试样编号	发热量与变化量	
	$Q_{ad}/(kJ/g)$	$Q_{ad}/(kJ/g)$
1(原煤对照组)	31.10	31.10
2(主：辅=1：2)	31.56	31.56
3(主：辅=2：2)	31.65	31.65
4(主：辅=3：2)	31.70	31.70
5(主：辅=4：2)	31.75	31.75
6(主：辅=5：2)	31.81	31.81
7(主：辅=6：2)	31.78	31.78

表 2-7　储存 75 到 100 d 之内各试样的挥发分及发热量变化

试样编号	发热量与变化量	
	$Q_{ad}/(kJ/g)$	$Q_{ad}/(kJ/g)$
1(原煤对照组)	30.14	30.14
2(主：辅=1：2)	30.95	30.95
3(主：辅=2：2)	31.08	31.08
4(主：辅=3：2)	31.18	31.18
5(主：辅=4：2)	31.26	31.26
6(主：辅=5：2)	31.36	31.36
7(主：辅=6：2)	31.31	31.31

由测量数据可知,原煤对照组从 0 d 到 25 d 之间发热量减少了 0.19 kJ/g;25 d 到 50 d 之间发热量减少了 0.44 kJ/g;50 d 到 75 d 之间发热量减少了

0.63 kJ/g;75 d 到 100 d 之间发热量减少了 0.96 kJ/g。由此可以得到,煤的自燃氧化是一个渐进加速过程,初期煤氧复合反应较为温和,挥发分降低幅度较小,而后期煤氧复合反应变得剧烈,挥发分降低幅度快速扩大。

另外,通过分析数据还可以看出,加入协效抗氧剂后原煤发热量的减少幅度显著降低,表明协效抗氧剂能够有效抑制煤体自燃,是一种高效持久的煤自燃阻化材料。

将原煤对照组与阻化组在不同时间阶段发热量的测量值与变化量的绝对值汇总作图,如图 2-11 所示。

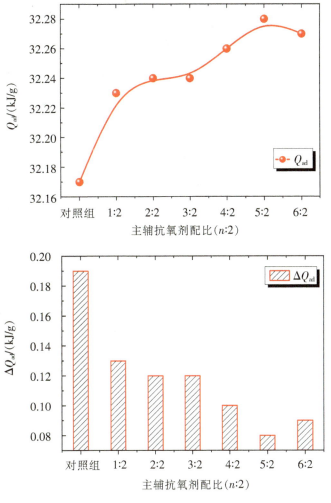

(a)各个测试煤样 0~25 d 内 Q_{ad} 变化趋势

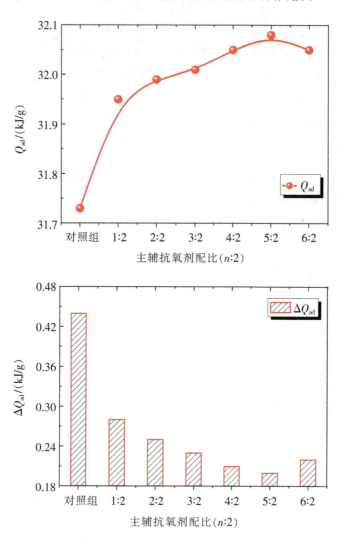

（b）各个测试煤样 25～50 d 内 Q_{ad} 变化趋势

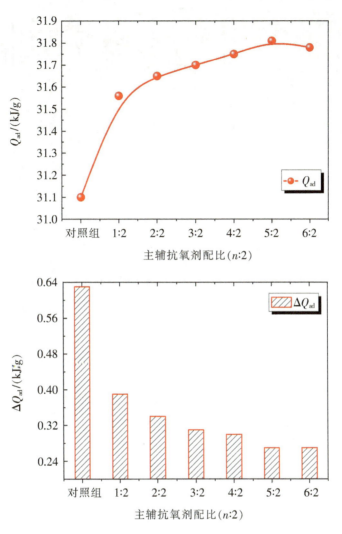

（c）各个测试煤样 50~75 d 内 Q_{ad} 变化趋势

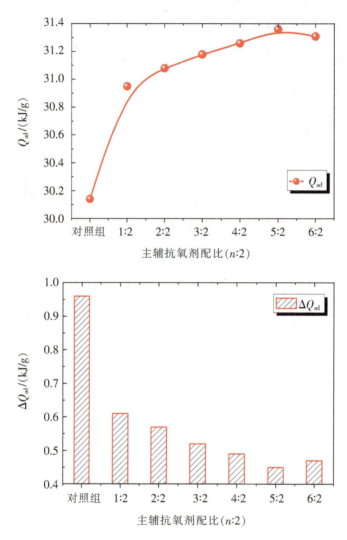

（d）各个测试煤样 75~100 d 内 Q_{ad} 变化趋势

图 2-11 不同时间段各个测试煤样 Q_{ad} 变化趋势

通过分析图 2-11 可知，在 0~25 d、25~50 d、50~75 d 和 75~100 d 的任一阶段，随着主、辅抗氧剂物质的量比的增加，添加协效抗氧剂的煤体自燃氧化后发热量均呈现出先快速增加后缓慢增加再小幅减少的趋势，在主、辅抗氧剂物质的量比为 5∶2 时出现最大值，发热量变化量的绝对值呈现出先快速减小后缓慢减小再小幅增大的趋势，在主、辅抗氧剂物质的量比为 5∶2 时出现最小值。表明当主、辅抗氧剂物质的量比为 5∶2 时协效抗氧剂能通过两种组分协同阻化作用最大程度抑制煤氧复合反应以及自由基产生,进而对煤自燃灾害防治产生最优效果。

第三节　阻化封堵材料的优选制备

优选好高水材料并获得最佳配比(主、辅抗氧剂物质的量比为 5 : 2)的协效抗氧剂后,需要进一步对协效抗氧剂与高水材料配比进行优化,以制备出既满足煤自燃阻化性能又满足煤柱加固封堵性能的阻化封堵材料。本节选用低温氧化耗氧量和交叉点温度两个宏观指标考察协效抗氧剂与高水材料配比对其阻化性能的影响,进而确定最优配比;选用单轴抗压强度指标考察协效抗氧剂与高水材料配比对其加固性能的影响,进而确定最优配比。具体实验方案与结果分析如下。

一、基于阻化性能的协效抗氧剂与高水材料配比优化

1. 实验煤样

本实验所用煤样为华阳一矿 81303 工作面小煤柱煤样,在现场工作面选取未暴露于空气中的块状煤体,用保鲜膜包裹放入密封罐内带到实验室。在实验室将原始煤样破碎后取中间新鲜煤样,在 N_2 保护下破碎至 80 目以下,然后分多次置于氧化升温炉中;通入 50 mL/min 流量的氮气保护,维持在 40 ℃干燥 12 h,以消除水分及其他因素的影响;最后将全部处理后的煤样置于样品瓶中用石蜡密封,以备在不同的条件下使用。煤的工业分析参数如表 2-8 所示。

表 2-8　煤的工业分析参数表

煤样编号	测定指标				
	$M_{ad}/\%$	$A_{ad}/\%$	$V_{ad}/\%$	$FC_{ad}/\%$	$Q_{ad}/(kJ/g)$
HYYK	3.15	13.07	10.39	73.39	33.01

2. 实验原理及系统

为考察不同配比的阻化封堵材料对煤自燃阻化性能的影响,筛选了70℃时煤样耗氧量与交叉点温度两个指标进行效果考察,实验原理及组成系统如下。

1)实验原理

煤自燃模拟实验系统主要通过程序升温仪为煤样人工创造氧化蓄热环境来模拟其自燃过程,其核心原理是对实验煤样进行持续均匀加热,直至其氧化自燃。煤氧复合反应是煤自燃的本质,因此,氧气是煤自燃发生和发展的必要条件;煤在自燃模拟过程中不断氧化,需要消耗大量氧气维持反应,耗氧速率和耗氧量与煤自燃剧烈程度间为正相关关系。煤自燃模拟过程中,煤大分子支链以及部分化学官能团发生氧化反应并向外部环境释放热量,随着参与氧化反应的化学基团持续增加,向外部环境释放的热量也急剧增加,导致煤体自身温度上升速率高于程序升温设定的温升速率,此时煤体的温升曲线与程序升温装置的温升曲线会相交于一点,这一点的温度 T_C 被称为交叉点温度。

基于煤自燃模拟实验系统,可测的包括低温耗氧量、交叉点温度以及标志性气体生成浓度等多种煤自燃宏观特征参数,它们既可以表征此时的煤自燃状态,又可以作为反映阻化封堵材料对煤自燃阻化性能的重要指标。

低温耗氧量 Q_o 是指煤在低温氧化至某一温度时单位时间内消耗氧气的体积。相同质量的煤样,同一温度时低温耗氧量越大代表煤样的自然倾向性越高,煤氧复合反应越剧烈;相反,同一温度时低温耗氧量越小代表煤样的自然倾向性越低,煤氧复合反应越平缓。因此,低温耗氧量可以作为考察煤样添加阻化封堵材料后自燃特性抑制程度的重要指标,其数值越低代表材料的阻化性能越强。

交叉点温度 T_C 是指程序升温装置温度与煤样中心温度一致时的温度数值。其与煤样的抗拒自燃氧化的能力以及自燃倾向性密切相关,数值越大代表煤样抗氧化能力越强,自燃倾向性越低;反之,数值越小代表煤样抗氧化能力越弱,自燃倾向性越高。因此,交叉点温度也可以作为考察煤样添加阻化封堵材料后自燃特性抑制程度的重要指标,其数值越高代表材料的阻化性能越强。

2) 实验系统

本实验系统的构成如图 2-12 所示。由图可知, 实验系统主要由供气瓶、流量计、程序升温装置、温度传感器、温度处理器、GC-4000A 型气相色谱仪、煤样罐、数据采集系统、电脑显示器等组成。

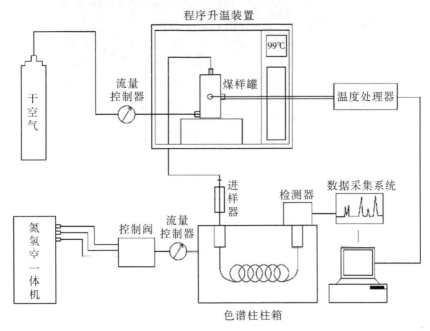

图 2-12 实验系统构成示意图

其中, 程序升温装置(图 2-13)由保温层、预热气路、热电偶、升温装置和均温装置组成, 温度调节范围为室温至 350℃, 能够实现恒温和程序升温两种温控功能。程序升温装置箱体内预先安装有导热性能良好的铜质圆柱体煤样罐, 罐子底部与顶部分别设有进出气口。此外, 煤样罐内部预先安设铂丝温度传感器, 通过导线传导温度信号, 实时采集并分析煤样中心温度数据。另一方面, 将煤样罐出气口接入 GC-4000A 型气相色谱仪(图 2-14), 动态检测反应生成气体组分及浓度大小。

图 2-13　程序升温炉实物图

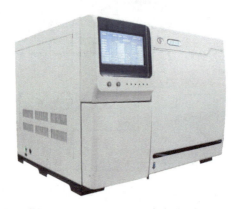

图 2-14　GC-4000A 型气相色谱仪

3. 实验测试方法及步骤

1）不同配比阻化封堵材料制备方法

从制备好的华阳一矿原煤煤样中取 6 份作为研究对象，每份质量为 40 g。按照 15% 的添加质量比向其中一份加入 SiO_2，设置其为原煤对照组。然后将协效抗氧剂与高水材料分别以 1:20、1:16、1:12、1:8、1:4 的质量比来制备成 5 种不同配比的阻化封堵材料，同样按照 15% 的添加质量比将其加入原煤煤样中，作为不同配比的阻化煤样。

2）煤低温氧化耗氧量测试方法

煤低温氧化阶段（40~70℃）耗氧量与氧化温度呈正相关关系，即氧化温度越高,耗氧量越大。因此,为了更好地区分添加不同配比阻化封堵材料煤样低温耗氧量的差异,选取低温氧化阶段的最高温度70℃为实验温度。具体步骤如下。

(1)将添加不同配比阻化封堵材料的煤样置于真空干燥箱中托盘内,在35℃环境中真空干燥4 h,以尽量去除煤中外在水分,减少其对低温耗氧量测量的影响。时间到后关闭真空干燥箱,带试样冷却至常温后迅速取出,并放入程序升温装置内的煤样罐中。

(2)调节程序升温装置流量与温度设置程序,使试样在40℃、100 mL/min的空气流中氧化升温。当试样中心温度由室温缓慢升高至35℃后,将供气流量调低至8 mL/min,待中心温度继续升高至40℃后,将温度控制设置为升温模式,升温速率为0.8℃/min。

(3)当试样中心温度达到70℃时,将煤样罐出气口接入色谱仪,测量此时气体峰形图。最后,通过反应气与干空气峰形图的对比分析,就可得出70℃的耗氧量。

3)交叉点温度测试方法

待试样低温氧化耗氧量测量完毕后,继续进行交叉点温度的实验测试。保持升温速率0.8℃/min不变,将供气流量上调至100 mL/min,跟踪样品中心温度与程序升温仪表显温度,当两者相等时,记录此刻温度数值,即交叉点温度。随后停止实验,关闭仪器电源并清理实验装置。

4. 实验结果及分析

原煤对照组以及不同配比阻化煤样的低温耗氧量与交叉点温度数据如表2-9所示。

表2-9　原煤对照组与不同配比阻化煤样的低温耗氧量与交叉点温度

试样编号	70℃时的耗氧量/(mL/min)	交叉点温度/℃
1(原煤对照组)	3.256 5	178.6
2阻化煤样(A∶HWM=1∶20)	1.649 2	186.3
3阻化煤样(A∶HWM=1∶16)	1.199 8	189.5
4阻化煤样(A∶HWM=1∶12)	0.905 4	193.4

试样编号	70℃时的耗氧量/(mL/min)	交叉点温度/℃
5 阻化煤样(A∶HWM=1∶8)	0.638 6	194.7
6 阻化煤样(A∶HWM=1∶4)	0.521 3	196.1

注:表中 A 代表协效抗氧剂,HWM 代表高水材料。

将表 2-9 中数据整理绘制,如图 2-15 所示。加入阻化封堵材料后,阻化煤样的耗氧量显著降低,交叉点温度明显增加,表明阻化封堵材料能够有效地抑制煤自燃氧化,进而降低自燃灾害的危险性。但加入不同配比阻化封堵材料的煤样低温耗氧量与交叉点温度的变化幅度存在一定差异,表明阻化剂与高水材料的配比能够影响阻化封堵材料的阻化性能,间接验证了进行配比优化的重要性。

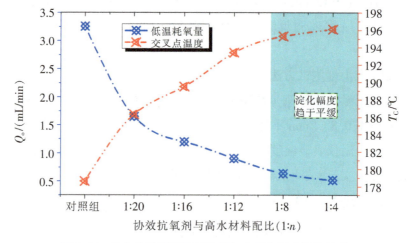

图 2-15 各个实验组低温耗氧量与交叉点温度演化趋势

随着协效抗氧剂与高水材料质量比的逐渐增加(协效抗氧剂在阻化封堵材料中的占比不断增大),试样的低温耗氧量呈现出先快速减少后缓慢减少的趋势,在质量比为 1∶8 以后变化趋势趋于平缓,表明相同质量下,阻化封堵材料中协效抗氧剂含量越高,其对煤氧复合反应的抑制性能越好,但当占比超过 11.1%(协效抗氧剂与高水材料质量为 1∶8)后,抑制性能增强效果不再明显;试样的交叉点温度呈现出先快速增加后缓慢增加的趋势,在质量比为 1∶8 以后,变化趋势趋于平缓,表明相同质量下,阻化封堵材料中协效抗氧剂含量越高,其对煤氧化升温的抑制性能越好,但当占比超过 11.1%(协效抗氧剂与高水材料质量为 1∶8)后,抑制性能增强效果同样不再明显。

二、基于加固性能的协效抗氧剂与高水材料配比优化

1. 实验样品

将协效抗氧剂与高水材料分别按照 1∶20、1∶16、1∶12、1∶8、1∶4 的质量比制备成 5 种不同配比的阻化封堵材料,同时设置 1 组只包含高水材料的对照组。然后按照 1∶2 的料水比将材料与水置于搅拌桶内,混合搅拌均匀,一起倒入 100 mm×100 mm×100 mm 的正方体模具中,通过振动棒将浆液振动均匀,待试样自然风干凝固后将模具拆除,并把其置于培养室内培养,7 d 后取出试样,随即进行试样抗压强度测试。试样制备流程如图 2-16 所示。

(a)和料 (b)装模 (c)振动后模具

(d)拆模 (e)拆模后试样 (f)养护

图 2-16 抗压测试试样制备流程

2. 实验方法

试样抗压强度测试系统如图 2-17 所示。为了保证试样抗压强度测量结果的准确性与可靠性,挑选试样时应选择无明显空泡、裂隙或表层脱落的试样,且实验前必须对试样两端进行磨平处理,使得两端的平行度在实验要求范

围内,本节单轴抗压实验测试时两端平行度应在 0~0 mm 之间。

图 2-17 岩石力学测量系统

将打磨好的试样置于岩石力学测量系统的承压板中心位置,调节处于球形座上方的承压板,使得试样时刻与受力方向平行且均匀受力。然后,启动加压系统向试样施加载荷,直至试样被完全破坏为止,记录此过程中的最大破坏载荷 P。

试样单轴抗压强度 σ_c 的计算公式见式(2-3)。

$$\sigma_c = P/A \tag{2-3}$$

式中:σ_c——试样单轴抗压强度,MPa;

P——最大破坏载荷,kN;

A——垂直于加载力方向的试样横截面积,mm^2。

3. 实验结果与分析

高水材料对照组以及不同配比阻化材料的单轴抗压强度数据如表 2-10 所示。

表 2-10 不同配比阻化煤样的抗压强度 σ_c

试样编号	7 d 时的抗压强度/MPa
1 高水材料对照组	3.75

试样编号	7 d 时的抗压强度/MPa
2 阻化煤样（A：HWM＝1：20）	3.92
3 阻化煤样（A：HWM＝1：16）	3.49
4 阻化煤样（A：HWM＝1：12）	3.23
5 阻化煤样（A：HWM＝1：8）	3.01
6 阻化煤样（A：HWM＝1：4）	2.54

将表 2-10 中数据整理绘制，如图 2-18 所示。

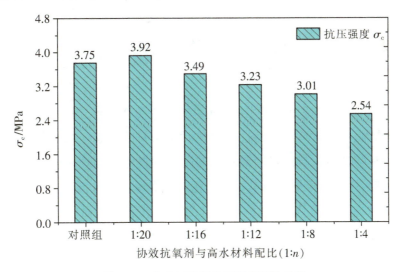

图 2-18　各个试验组抗压强度演化趋势

由图 2-18 可知，与高水材料相比，加入阻化封堵材料后，阻化封堵材料的抗压强度变化趋势及幅度各不相同；整体而言，随着协效抗氧剂与高水材料质量比的逐渐增加（协效抗氧剂在阻化封堵材料中的占比不断增大），阻化封堵材料的抗压强度呈现出先缓慢增加后缓慢降低再快速降低的趋势。表明向高水材料中添入少量不具黏结性的协效抗氧剂后，有助于充填高水材料反应后残留的内部空隙，增大结构强度，提升抗压强度；但随着添入协效抗氧剂质量的增加，高水材料结构被破坏，内黏结力降低，宏观表现为抗压强度减小。协效抗氧剂与高水材料质量比为 1：16 时试样抗压强度为 3.49 MPa，质量比为

1：12 时抗压强度为 3.23 MPa,质量比为 1：8 时抗压强度为 3.01 MPa,质量比为 1：4 时抗压强度为 2.54 MPa,表明在质量比为 1：8 附近出现抗压强度由缓慢降低到快速降低的拐点。

协效抗氧剂与高水材料质量比由 1：8 上升至 1：4 后,试样抗压强度由 3.01 MPa 降低至 2.54 MPa,下降了 15.6%。因此,为保障阻化封堵材料凝固后的结构强度,提高材料的加固封堵效果,协效抗氧剂与高水材料质量比应该小于或等于 1：8。同时,依据本章阻化封堵材料阻化实验的测试数据,确定既满足材料阻化性能又满足其加固性能的协效抗氧剂与高水材料的质量比为 1：8。

第四节　本章小结

本章针对单一物理或化学阻化剂存在的优点及缺陷,提出将两者有机融合制备兼顾阻化与封堵双重特性的阻化封堵材料的概念。在材料选择方面,优选出兼具物理阻化与密封堵漏一体的高水材料作为物理阻化成分,并测试其基础性能,以此为依据分析其物理阻化封堵机理。同时,选择以多元受阻酚型抗氧剂为主抗氧剂、亚磷酸酯抗氧剂为辅抗氧剂制备而成的协效抗氧剂。最后,将高水材料与协效抗氧剂进行复配,得到了阻化封堵材料。主要结论如下。

(1)高水材料的凝结时间受到料水比和温度的双重影响,因此,可以通过调节两者来改变高水材料的凝结时间,以满足现场注浆堵漏与阻化的需求。高水材料的保水率较高,失水率较低,在高温低风流的条件下失水速度较慢,表现出较好的保水性能,使其具有巨大热容,能实时带走煤氧反应热,降低破碎煤体温度。此外,高水材料的黏度可通过料水比进行调节,有利于它包覆在煤体表面,隔离煤氧反应。

(2)协效抗氧剂能与煤自燃过程中生成的自由基结合,截断或延缓自由基链式增长反应,从而发挥其对煤自燃的化学阻化效果。通过协效抗氧剂的复配优化实验,确定添加了主、辅抗氧剂物质的量比为 5：2 的煤样的热量降低幅度最小。表明这个主、辅配比制备的协效抗氧剂能最大限度地阻断煤自燃过程中自由基生成的链式反应,延缓或抑制煤自燃进程。

(3)向实验煤样添加等质量的阻化封堵材料,随着材料中抗氧剂比例的增加,煤自燃过程中低温耗氧量呈现上升趋势,交叉点温度呈现下降趋势,对煤氧化升温的抑制幅度有所增强;但当协效型抗氧剂与高水材料的质量比超过1∶8后,煤的低温耗氧量减少幅度以及交叉点温度增长幅度趋于平缓,对煤自燃阻化性能的增长速率与幅度大幅降低。因此,基于成本考虑,阻化封堵材料的最佳配比为抗氧剂∶高水材料=1∶8。

(4)协效抗氧剂与高水材料的质量比由1∶8上升至1∶4后,试样抗压强度由3.01 MPa降低至2.54 MPa,下降了15.6%。因此,为保障阻化封堵材料凝固后的结构强度,提高材料的加固封堵效果,协效抗氧剂与高水材料质量比应该小于或等于1∶8。同时,结合结论(3)中阻化封堵材料阻化实验的实验结论,确定既满足材料阻化性能又满足其加固性能的协效抗氧剂与高水材料的质量比为1∶8。

第三章 阻化封堵材料抑制煤自燃性能实验研究

抑制小煤柱及邻近老空区破碎煤体自然发火是防治瓦斯与煤自燃复合灾害的重要手段之一。煤自燃过程中内部微观基团及外部宏观反应均动态演变,而阻化剂的存在可以有效抑制演变幅度与演变速率,且抑制程度与阻化剂的阻化性能呈正相关关系。因此,可以从添入不同阻化材料后煤自燃过程中不同微观基团以及宏观反应产物变化幅度来对比分析阻化材料阻化性能优劣。自由基与官能团是煤体内部微观基团的重要组成部分,不同氧化温度下的标志性气体瞬时浓度也是煤氧复合反应剧烈程度的重要指标。本章采用电子自旋共振波谱仪(ESR)、傅里叶变化红外光谱仪(FTIR)、气相色谱仪(GC)等仪器,通过实验从自由基、官能团和标志性气体三个层面揭示了阻化封堵材料抑制煤自燃机理,并对比测试分析了其较于其他传统阻化封堵材料在阻化性能上的优势。

第一节 煤中自由基来源及检测技术

一、煤中自由基的来源与分类

自由基亦称为游离基,是指含有的未配对电子的原子、分子或其他基团。自由基由于含有未配对的电子而变得容易发生电子迁移,因此它具有易发生化学反应的性质。通常化合物受外界条件的作用下(加热、外力和光照等)[171-173],分子结构中的共价键均裂,形成含有未成对电子的基团。如分子氧形成的含氧自由基(O_2、—OH 和 R—O),如式(3-1)所示。

$$R—O—O—R \xrightarrow{\text{热、光或外力}} 2R—O\cdot \qquad (3\text{-}1)$$

一般地,共价键均裂所需的能量取决于键的离键能,同时也决定了均裂的温度。李璐[169]利用双杂化密度泛函方法计算了典型煤模型中 C—H、C—C、C—O、O—H 和 C—N 等化学键的离键能,范围重叠在 $2.2×10^5 \sim 4.7×10^5$ J/mol 内。不同变质程度的煤均含有丰富的未成对电子的大分子结构,因此煤中自由基的检测是研究煤氧化机理和煤转化技术的重要手段。未配对电子可以在自由基之间轻松地转移,获得电子发生还原反应,失去电子产生氧化反应;因此自由基具有较高的反应活性,易于与其他物质相结合而发生反应。目前,根据产生条件的不同,煤中自由基的来源分为以下几类。

(1)不同变质程度煤的成煤过程中形成的原生自由基;

(2)煤体经受外部骤变的物理条件(热量、机械力、微波和光照等)的次生自由基;

(3)煤中挥发分氧化反应以及煤分子之间聚合反应的次生自由基。

煤中自由基按照产生时间,可以分为原生自由基和次生自由基。上述有关自由基来源中前一条属于煤化过程中的原生自由基,煤受热分解、机械破坏、氧化反应、光照和辐射等会产生次生自由基。按照自由基的带电荷情况分为中性自由基和带电荷自由基,其中所带有的电荷可以是正电荷亦可是负电荷。按照化合物的状态分为有机自由基和无机自由基,由于煤中含有复杂成分的有机质,C、H 和 O 元素又是主要组成元素,因此煤体内部主要是以碳原子为主的有机自由基,同时伴有 S 和 P 元素组成的无机自由基。根据自由基参与反应的难易程度,分为稳定自由基和活性自由基;一般种类的自由基反应活性较强,存在的时间极短(在毫秒的尺度内),稳定自由基是由于空间位阻的作用而不能与其他活性基团结合的自由基或片段。自由基主要具有以下两种主要特征,即化学反应活性高和在外加磁场下会产生磁矩,因此可以通过化学反应和顺磁共振的方法进行检测。

二、自由基反应类型和过程

自由基因含有未成对电子所以具有活泼的反应特性,可以与其他的自由基发生氧化还原反应,以及分解、聚合、取代、歧化和加成反应。

1. 自由基的分解反应

自由基的分解反应是大分子自由基由一种紊乱状态转化为稳定态的中小分子和另一种新的自由基。自由基分解需要破坏共价键,需要吸收外界能量的,是吸热反应。如式(3-2)所示:

$$R—\overset{\overset{\textstyle O}{\|}}{C}—O\cdot \tag{3-2}$$

2. 自由基的聚合反应

自由基的偶联反应即为自由基的聚合反应,一般是指两个自由基发生偶联的过程,此反应一般处在链终止阶段。以含甲基的自由基为例,如式(3-3)所示:

$$2R—CH_2\cdot \longrightarrow R—CH_2—CH_2—R \tag{3-3}$$

3. 自由基的取代反应

自由基的取代反应即为活泼的未成对电子取代其他物质中的原子或基团,以氯自由基夺氢为例,如式(3-4)所示:

$$Cl\cdot + R—H \longrightarrow HCl + R\cdot \tag{3-4}$$

4. 自由基的氧化反应

自由基的氧化反应是指自由基被分子氧化并形成中间态的过氧化物自由基的过程,式(3-5)所示:

$$R\cdot + O_2 \longrightarrow R—O—O\cdot \tag{3-5}$$

5. 自由基的歧化反应

自由基的歧化反应一般是指自身的氧化还原反应,该过程包含自由基一部分被氧化,另一部分被还原,如式(3-6)所示:

$$2CH_3CH_2\cdot \longrightarrow CH_2{=}CH_2 + CH_3—CH_3 \tag{3-6}$$

6. 自由基的加成反应

自由基的不饱和共价键断裂与其他自由基发生的反应即为加成反应,如式(3-7)所示:

$$CH_2{=}CH_2 + R\cdot \longrightarrow R{-}CH_2{-}CH_2\cdot \qquad (3\text{-}7)$$

根据李增华[170]有关煤自燃自由基的链式反应机理,煤自燃过程可以分为三个阶段:链引发、链传递和链终止。

自由基链引发:受外界的光、热和外力等的诱导,分子的共价键均裂而形成未成对电子。对于煤而言,低温氧化过程中空气中分子氧与煤表面发生物理吸附,进而引发化学吸附和反应,此过程释放的热量会诱导煤中自由基的形成。

自由基链传递:此时由于链引发形成的自由基已经聚集形成初始活化中心,原生自由基发生聚合、分解和取代等反应以形成其他的新的自由基,持续扩大自由基的活化中心,促进链式反应的不断进行。

自由基链终止:此阶段发生在链式反应的末期,在自由基直接通过偶联和歧化反应形成稳定的化合物而降低活化中心的反应活性,最终切断未成对电子的传递过程而被终止。

三、自由基的检测技术

自由基的检测技术方法主要分为物理和化学两类方法。物理方面包含质谱技术、顺磁共振技术等,化学方面方法较多,主要有自由基捕获剂反应法、化学诱导动态核极化法和同位素示踪法。以其中物理测试使用的顺磁共振技术较为广泛应用,并得到了较好的检测效果。

1. 自由基捕获剂反应法

此化学检测方法是根据被测物质中自由基与稳定自由基捕获剂反应表现出的特征来定性分析自由基的存在。一般以具有特殊外在特点(如颜色)的稳定自由基加入其他自由基的反应中,迅速捕获此自由基,依据外在特点的变化可知自由基的存在。此方法适合测试颜色单一、纯度高的样品,对于煤这种混合物,并不适合捕捉剂捕获自由基的测量方法。

2. 电子顺磁共振技术

电子顺磁共振技术亦称电子自旋共振波谱(electron spin resonance spectrum,ESR)或是电子顺磁共振(electron paramagnetic resonance spectrum,

EPR)技术,是一种无伤检测被测物质中未配对电子吸收外加磁场能力产生跃迁而形成共振现象的技术。由于顺磁共振技术具有高灵敏性和无伤探测的特性,在研究自由基的相关参数变化规律中得到了广泛应用。测试原理为:被检测样品含有未成对电子,被外部磁场磁化后会以特定频率自转并形成磁矩,与外部磁场的频率重合后产生共振现象而被电子顺磁共振波谱仪器采集并输出EPR图谱。在降低测试手段的影响和测试精度方面,对于不同实验参数条件下的煤样,适合采用电子顺磁共振技术进行煤中自由基的测量。

四、自由基的顺磁共振参数及计算方法

1. g 因子

g 因子也称朗德因子(Landes factor),在外部磁场作用下,自由基未成对电子与外加磁场发生共振现象的图谱位置即为 g 因子,g 因子是反映物质分子结构复杂度的内在参数之一,其所处的图谱位置与自由基种类有关。自由电子的 g 因子值为 2.002 319,它只包含自旋磁矩。待测物质中不配对电子轨道与自旋运动的耦合作用决定了 g 因子相对自由电子的距离,即电子自旋和轨道运动耦合作用越强,g 因子值偏离自由电子的距离越大。煤的 EPR 图谱 g 因子值变化范围很小,只是体现在小数点第四位后的数值改变。g 因子值的获得方法包含直接计算和间接标定计算。

1)直接计算

由未成对电子自旋和轨道运动耦合产生自旋共振现象所要满足的条件:$h\nu = g\beta H$ 可知,

$$g = \frac{h\nu}{\beta H} = 0.714\ 4\ \frac{\nu}{H} \tag{3-8}$$

式中:h——普朗克常数,6.626×10^{-34} J·s;

ν——微波频率,Hz;

β——玻尔磁子,9.274×10^{-24} J·T^{-1};

H——共振磁场强度,Gs。

2)间接标定计算

由于直接计算 g 因子值常常会受到仪器系统误差带来的测量误差,因此

采用待测样品与标准样品 g 因子值的信号标定。本次实验采用即为此类对比标准样品的测定方法，随即可在 EPR 图谱测试软件中直接读取。间接标定计算 g 因子的原理同样是根据电子自旋共振的产生条件 $h\nu = g\beta H$，即在相同的微波功率下待测样品的 g 因子值与标准样品的成比例。即待测样品的 g_x 因子值与相同微波功率条件下外加磁场 H_x 成反比，与标准样品的 g_s 因子和磁场 H_s 成正比。由 $h\nu = g_x\beta H_x = g_s\beta H_s$ 可得

$$g_x = \frac{g_s H_s}{H_x} \tag{3-9}$$

式中：g_x——待测样品的 g 因子；

　　H_x——待测样品的磁场；

　　g_s——标准样品的 g 因子；

　　H_s——标准样品的磁场。

2. 线宽 ΔH

煤中自由基 EPR 光谱线宽 ΔH 是描述顺磁自旋粒子之间和顺磁自旋粒子与微晶结构之间能量交换的重要参数。如图 3-1 所示为测试煤中自由基所得的 EPR 光谱图谱，由图可知 EPR 图谱曲线具有较高的对称性。弛豫时间是指物质由激发态转向平衡状态所需的时间。EPR 谱带的线宽 ΔH 和自由基本身的对称性呈正相关，与弛豫时间呈负相关。即自由基的对称性越好，EPR 谱带线宽 ΔH 越窄，弛豫时间越短，EPR 线宽 ΔH 越宽。

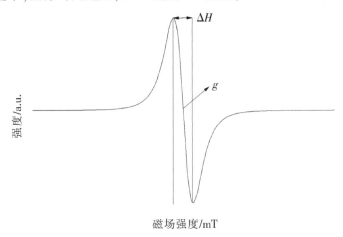

图 3-1　煤的电子顺磁共振波谱测试曲线

3. 自由基浓度 N_g

自由基图谱强度为 EPR 曲线包罗的面积,实际 EPR 图谱为自由基吸收强度的一次微分。因此二次积分即可求得曲线的图谱强度(面积),进而计算自由基浓度。自由基浓度是指单位质量待测样品中未成对电子的数量,单位常用 spin/g 表示。自由基浓度的测定方法和 g 因子值的一样可以由直接计算和标样间接标定两种方法而得。理论上,知道待测样品的磁场调制幅度、线宽和波谱增益就可以直接计算待测样品的自由基浓度,其公式如式(3-10)所示;另一种为在相同的测试环境和仪器参数下将待测样品与已知量的标准样品进行标定,按比例计算获知待测样品的自由基浓度,公式如式(3-11)所示。

1)直接计算绝对值

根据待测样品所处外在磁场的参数和图谱线宽可以利用以下公式进行计算:

$$N_x = 1.177\ 6\ \frac{H_x \Delta H}{G_x} \times 10^{17} \tag{3-10}$$

式中:N_x——待测样品的自由基浓度;

ΔH——待测样品的线宽;

H_x——待测样品的磁场调制幅度;

G_x——待测样品测试的波谱增益。

与 g 因子的直接测量相似,原理上可以按照上述公式计算待测样品的自由基浓度,但是实际操作时,同样受外界测试环境和仪器操作等因素的干扰,降低所得参数的准确度。因此本次实验采取的是与标准样品(DPPH)进行相同测试条件下的对比方法。

2)间接标定计算

与已知浓度的标样(DPPH)进行对比分析,只需要知道标样的吸收曲线的面积和自由基浓度,公式如下:

$$N_x = \frac{N_s A_x}{A_s} \tag{3-11}$$

式中:A_x——待测样品的吸收曲线的二次积分面积;

A_s——标准样品的吸收曲线的二次积分面积;

N_s——标准样品的自由基浓度。

第二节 原煤与阻化煤样自燃过程自由基演化测试

一、电子自旋共振波谱仪及参数设置

1. 电子自旋共振波谱仪性能介绍

本书中自由基测量实验选用仪器为 MiniScope（MS5000）型电子自旋共振波谱仪,仪器生产公司为德国 Magnettech 公司,具体外观如图 3-2 所示。仪器主要技术指标如下:扫描微波功率调节范围,1 μW~100 mW;微波频率调节范围,9.2~9.6 GHz;最大扫描磁感应强度,7 000 G（625 mT）;磁场强度调节范围,25~650 mT;磁场精度,±5 μT;磁场稳定度,1.0 μT/h;扫场分辨率,≥250 000;浓度灵敏度:10 nmol/L。

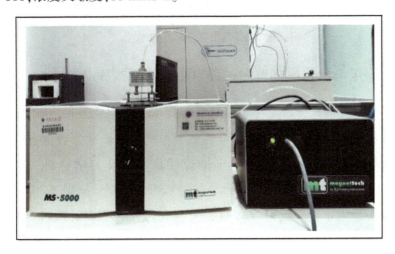

图 3-2 MiniScope（MS5000）型电子自旋共振波谱仪

2. 电子自旋共振波谱仪参数设置

本书中所有的自由基测量实验均在温度为 25℃ 的恒温环境中完成,首先通过特制的自由基测定管插入试样中蘸取适量的试样,再将装有试样的测定管缓慢送入电子自旋共振波谱仪的测试腔体中,开启并调节仪器加热模块、测

试模块以及供气模块,使用 X 波段磁场连续波扫描煤样。测量实验具体参数为:微波频率 9.38 GHz,微波功率 12 mW,中心磁场强度 3 290.000 G,扫描宽度 200.000 G,分辨率 2 000 点,时间常数 166.910 ms,扫描时间 32 s,温度范围 60~260℃,供气流量 1 mL/min。整个自由基测量系统如图 3-3 所示。

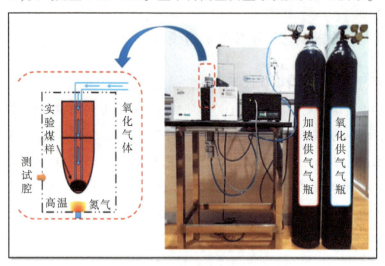

图 3-3　自由基参数测量系统

二、原煤与阻化煤样自燃过程自由基演变规律

为了更好地对比分析阻化封堵材料对煤自燃的阻化效果,选取黄泥以及 $MgCl_2$ 作为对比阻化剂,分别将其与去离子水配制成质量分数为 20% 的阻化液,以 15% 作为标准添加比,分别向原煤中添加阻化封堵材料、黄泥浆液、$MgCl_2$ 阻化液,充分搅匀混合,编号。此外,基于单一变量原则,以 15% 的添加比向原煤中添加质量分数为 20% 的 SiO_2 悬浊液作为原煤对照组。随即将混合煤样置于真空干燥箱内,开启真空干燥模式,维持 40℃ 低温环境,干燥 30 h 以上以去除外在水分对实验的影响,冷却后密封保存待测。

1. 原煤与阻化煤样自燃过程电子自旋共振谱图

图 3-4 为原煤对照组以及添入不同阻化剂后煤样自燃过程中电子自旋共振谱图。由图可知,整体而言,随着氧化温度的增加,煤体电子共振信号强度更强,峰面积更大,与加入何种阻化剂无关。因此,可见温度仍然是影响自由

基的重要影响因素之一,所以开展原位测量自由基的重要性显现。

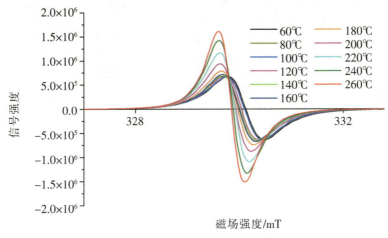

（a）原煤无添加

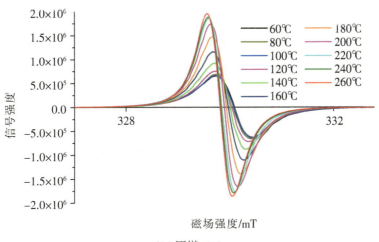

（b）原煤+SiO$_2$

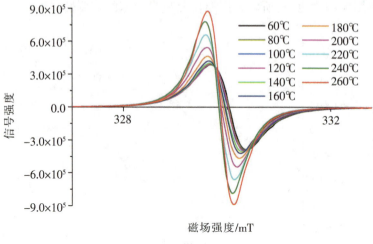

（c）原煤+黄泥

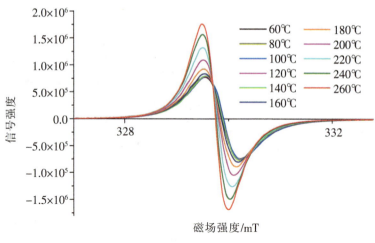

（d）原煤+MgCl$_2$

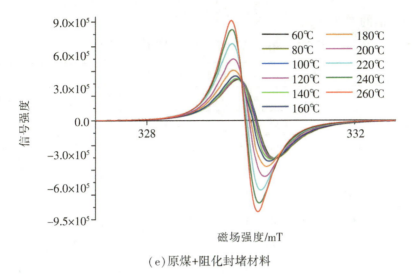

（e）原煤+阻化封堵材料

图 3-4 不同阻化煤样自燃过程中电子自旋共振谱图

2. 自由基 EPR 图谱 g 因子演变规律

煤自燃过程中苯环的缩聚与缩合以及大分子结构侧链与化学键的断裂均会产生大量新生自由基。自由基化学性质较为活泼,暴露在空气中易与氧气结合发生氧化反应,释放出大量热量,并诱使煤分子进一步分解裂变形成更多自由基,导致煤体进一步氧化直至自燃起火。煤体内自由基的浓度与其自燃危险性密切相关,一般来说,两者基本呈现出正相关关系。因此,通过研究添入不同阻化剂的煤体自燃过程中自由基 EPR 图谱 g 因子、线宽 ΔH 和浓度 N_g 的演变规律,可以科学准确地判定不同阻化剂阻化性能的优劣。

表 3-1 和图 3-5 展示的为不同阻化煤样自燃过程中的 g 因子值和变化趋势。添加不同阻化剂后煤的 EPR 图谱 g 因子值都随着温度的升高呈现出先降低后逐渐升高的趋势,g 因子下降后上升的变化证明了煤自燃过程中产生了新的自由基。由于单一变量原则,对照组煤中添加了不参与化学反应的高纯 SiO_2,这使得原煤+SiO_2 的 g 因子值整体低于无添加的原煤和其他煤样（添加混合物的阻化材料）。由于煤中添加物质的不同,造成不同添加物的样品 g 因子以不同的变化趋势而变动。自由基的 g 因子一般与配对电子的周围环境相关,可以用来判断自由基的种类和复杂度[174]。随着温度的上升,煤中轨道-自旋耦合作用增强,阻化剂的加入造成杂化原子自由基的增长,这都会增加煤

中 g 因子值的增加量。

表 3-1   原煤与阻化煤样自燃过程中 g 因子值

温度/℃	不同试样自由基 g 因子值				
	原煤	原煤+SiO_2	原煤+黄泥	原煤+$MgCl_2$	原煤+阻化剂
60	2.002 082	2.001 821	2.002 408	2.002 014	2.002 115
80	2.002 103	2.001 743	2.002 303	2.001 981	2.002 068
100	2.002 051	2.001 816	2.002 161	2.001 947	2.002 162
120	2.002 106	2.001 824	2.002 236	2.002 068	2.002 095
140	2.002 275	2.001 949	2.002 170	2.002 156	2.002 281
160	2.002 247	2.001 975	2.002 295	2.002 289	2.002 305
180	2.002 347	2.002 132	2.002 360	2.002 420	2.002 422
200	2.002 471	2.002 187	2.002 428	2.002 543	2.002 543
220	2.002 393	2.002 309	2.002 474	2.002 716	2.002 607
240	2.002 548	2.002 369	2.002 520	2.002 689	2.002 655
260	2.002 609	2.002 311	2.002 479	2.002 699	2.002 597

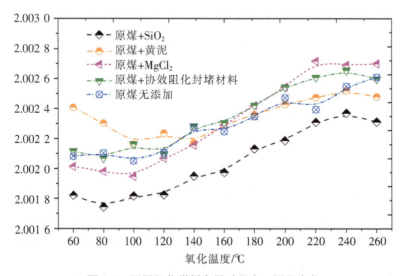

图 3-5   不同阻化煤样自燃过程中 g 因子变化

3. 原煤与阻化煤样自燃过程自由基线宽 ΔH 演变规律

线宽 ΔH 是描述顺磁粒子之间和顺磁粒子与自旋晶格之间能量交换的重要参数。影响自由基 EPR 图谱谱线宽度的因素主要有自旋-自旋相互作用、交换效应、自旋-晶格相互作用[175]，其中自旋-自旋相互作用又由电子-原子和电子-电子相互作用组成。电子-原子相互作用通常会扩宽未配对的电子之间 EPR 谱线的宽度；而电子-电子相互作用会使未配对电子之间的 EPR 谱线宽度变窄。未成对电子之间的交换效应是未成对电子在芳族之间通过桥键而转移的现象，这种效应一般会使 EPR 谱线宽度变窄。由于自旋-晶格相互作用的弛豫时间比自旋-自旋相互作用的长得多，众人研究结果表明其对 EPR 谱线宽度的影响不一。

为了增加原煤+SiO_2 的线宽 ΔH 的可比性，增加了原煤无添加煤样的线宽 ΔH 数据，如表 3-2 所示。

表 3-2　原煤与阻化煤样自燃过程中线宽 ΔH

温度/℃	不同试样自由基线宽 ΔH/mT				
	原煤	原煤+SiO_2	原煤+黄泥	原煤+$MgCl_2$	原煤+阻化剂
60	0.690 0	0.703 3	0.682 5	0.692 5	0.674 2
80	0.709 2	0.717 5	0.660 8	0.699 2	0.663 3
100	0.672 5	0.680 8	0.664 2	0.665 0	0.667 5
120	0.657 5	0.667 5	0.658 3	0.639 2	0.643 3
140	0.667 5	0.645 0	0.639 2	0.581 7	0.620 8
160	0.640 0	0.618 3	0.625 8	0.574 2	0.608 3
180	0.614 2	0.625 8	0.630 8	0.554 2	0.606 7
200	0.586 7	0.606 7	0.567 5	0.530 0	0.568 3
220	0.550 8	0.545 0	0.579 2	0.484 2	0.549 2
240	0.512 5	0.502 5	0.527 5	0.478 3	0.535 0
260	0.504 2	0.492 5	0.512 5	0.478 3	0.510 8

如图 3-6 所示，随着温度的升高，不同阻化煤样 EPR 图谱的线宽 ΔH 表现出逐渐降低的趋势。在 100℃之前，五种不同处理的煤样线宽 ΔH 变化不大，

随着温度的进一步提升,线宽 ΔH 变化逐步拉低,表现出与温度之间明显的阶段性。其中,原煤+MgCl$_2$ 的线宽 ΔH 值变化最为突出,下降幅度显著。这是由于温度的升高,原煤以及其他阻化煤样中未成对电子之间和未成对电子与自旋晶格之间的交换效应增强了,以及自旋–自旋相互作用的弛豫过程延长使得其线宽变窄。

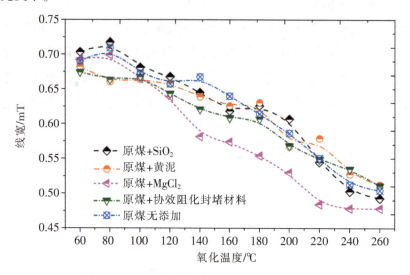

图 3-6 不同阻化煤样自燃过程中线宽 ΔH 变化

4. 原煤与阻化煤样自燃过程自由基浓度演变规律

通过计算得到原煤对照组以及添加不同阻化剂试样自燃过程中氧化至不同温度时的自由基浓度,如表 3-3 所示;将表中数据绘制作图,如图 3-7 所示。

表 3-3 不同试样自燃过程中自由基浓度演变趋势表

温度/℃	不同试样自由基浓度(10^{17}/mg)			
	原煤+SiO$_2$	原煤+黄泥	原煤+MgCl$_2$	原煤+阻化剂
60	7.98	8.48	8.02	7.15
80	8.54	8.85	7.63	6.75
100	8.77	8.71	8.06	6.35
120	9.16	9.56	8.03	7.29
140	9.89	9.56	8.13	6.45
160	10.12	10.62	8.21	7.09

温度/℃	不同试样自由基浓度（10^{17}/mg）			
	原煤+SiO$_2$	原煤+黄泥	原煤+MgCl$_2$	原煤+阻化剂
180	13.30	11.42	10.16	7.83
200	14.07	12.92	11.63	8.98
220	15.49	14.07	13.90	9.57
240	17.03	17.52	14.72	11.20
260	16.70	18.94	15.45	12.83

由图 3-7 可知,整体而言,原煤以及添加阻化剂的煤样自燃过程中自由基浓度呈现出先缓慢增加后快速增加的趋势,与加入何种阻化剂无关。加入不同添加剂后的初始自由基浓度只有加入阻化材料的低于原煤的。在温度达到100℃之前,四种不同煤样中的自由基浓度变化比较平稳,加入阻化封堵材料的煤样甚至还出现了降低的趋势。

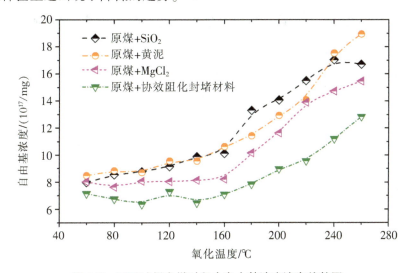

图 3-7　不同试样自燃过程中自由基浓度演变趋势图

当温度到达 160℃后,煤氧复合反应进入转折点,反应进程迅速上升造成煤中自由基浓度的不断提升。其中添加黄泥阻化的煤样的自由基浓度上升趋势与原始煤样几乎无异,甚至到了较高温度时自由基浓度会更高,阻化效果已经丧失;加入 MgCl$_2$ 的阻化煤样在温度升到 160℃前,其自由基浓度变化都比较缓慢,随后的上升趋势低于原煤和添加黄泥的样品变化量,但高于添加阻化材料的;这说明添加 $MgCl_2$ 煤样的阻化效果优于黄泥,低于阻化材料;相较于前两种阻化剂,加入阻化封堵材料的煤样自燃过程中自由基浓度在缓慢增加之前,在氧化温度为 $60\sim100℃$ 范围内明显存在降低趋势,表明此阶段阻化封堵材料对于自由基生成的抑制效应更强,阻化效果显著优于其他阻化剂。

5. 原煤与阻化煤样自燃过程自由基浓度增长率演变规律

由于煤样组成、阻化剂成分以及环境因素的影响,不同式样初始自由基浓度存在一定差异。为了更直观地对比分析不同阻化剂对煤自燃过程中自由基浓度的影响过程,引入自由基浓度增长率 β_N 来将自由基浓度进行归一化处理。β_N 表征煤中自由基浓度在不同氧化温度时较初始温度时的增长比例,其具体计算公式如下:

$$\beta_N = \frac{N_x}{N_{60}} \tag{3-12}$$

式中:N_x 为氧化温度 $x℃$ 时的自由基浓度,N_{60} 为氧化温度 $60℃$ 时的自由基浓度。

活性自由基在很短的时间内即完成了聚合、氧化等反应进程,因此 ESR 光谱仪测量得到的自由基浓度为相对稳定的自由基浓度。为此,以 $60℃$ 的自由基浓度测量结果为基础,通过计算得到原煤对照组以及添加不同阻化剂试样自燃过程中氧化至不同温度时的自由基浓度增长率 β_N,结果如表 3-4 所示;将表中数据绘制作图,如图 3-8 所示。

表 3-4 不同试样自燃过程中自由基浓度增长率

温度/℃	不同试样自由基浓度增长率/%			
	原煤+SiO_2	原煤+黄泥	原煤+$MgCl_2$	原煤+阻化剂
60	—	—	—	—
80	7.02	4.38	−4.96	−5.59
100	9.92	2.71	0.41	−11.18
120	14.88	12.73	0.10	1.94
140	25.21	12.73	1.32	−9.89

温度/℃	不同试样自由基浓度增长率/%			
	原煤+SiO₂	原煤+黄泥	原煤+MgCl₂	原煤+阻化剂
160	26.86	25.26	2.33	−0.86
180	66.67	34.66	26.65	9.46
200	76.31	52.40	44.88	25.59
220	94.21	65.97	73.25	33.76
240	113.50	106.68	83.38	56.56
260	109.37	123.38	92.50	79.35

如图 3-8 所示,整体而言,原煤以及添加阻化剂的煤样自燃过程中自由基浓度增长率 β_N 呈现出先缓慢增加后快速增加的趋势,与加入何种阻化剂无关;氧化温度相同时,不同试样自由基浓度增长率 β_N 间的大小关系为:原煤对照组>原煤+黄泥>原煤+MgCl₂>原煤+阻化封堵材料,表明阻化封堵材料较于黄泥或 MgCl₂ 能更有效地抑制煤自燃过程中自由基的增长,降低自由基增长率。

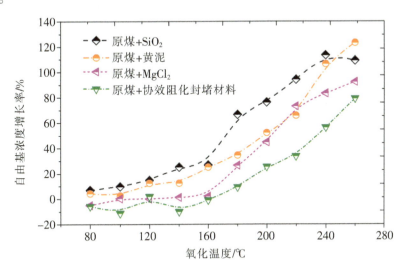

图 3-8　不同试样自燃过程中自由基浓度增长率演变趋势

同时,还可以得到加入阻化封堵材料后,煤样自由基浓度增长率在氧化温度为 60~160℃ 的区间内几乎全部为负值,表明添加自由基清除抗氧剂的阻化封堵材料能够有效抑制,并且清除煤自燃过程中生成的自由基,从而有效延缓煤氧复合反应增长速率,减少煤自然发火危险性。

6. 煤自燃过程中不同阻化剂自由基阻化率的演变规律

为了更准确直观地分析不同阻化剂在不同氧化温度时阻化效果的优劣,引入自由基浓度阻化率 γ 来表征煤自燃过程中不同温度下各个阻化剂对自由基增长的抑制幅度,其计算公式如下:

$$\gamma = \frac{\beta_{N_0} - \beta_{N_y}}{\beta_{N_0}} \tag{3-13}$$

式中: β_{N_0} 为氧化温度 x℃时原煤对照组的自由基浓度增长率, β_{N_y} 为氧化温度 x℃时添加 y 阻化剂试样的自由基浓度增长率。

通过计算得到原煤对照组以及添加不同阻化剂试样自燃过程中氧化至不同温度时的自由基浓度阻化率 γ,如表 3-5 所示;将表中数据绘制作图,如图 3-9 所示。

表 3-5　不同阻化剂的自由基浓度阻化率

氧化温度/℃	自由基浓度阻化率/%		
	黄泥	MgCl$_2$	阻化封堵材料
80	37.61	170.66	179.63
100	72.68	95.87	212.7
120	14.45	99.33	86.96
140	49.5	94.76	139.23
160	5.96	91.33	103.2
180	48.01	60.03	85.81
200	31.33	41.19	66.47
220	29.98	22.25	64.17
240	6.01	26.54	50.17
260	-12.81	15.42	27.45

由图 3-9 可知,整体而言,不同阻化剂的自由基浓度阻化率随着氧化温度的增加而增加,表明这些阻化剂在低温时的阻化性能要优于高温,分析可知,

由于黄泥或 $MgCl_2$ 主要以物理阻化为主,通过蒸发水分来降低煤体温度以此抑制煤样自然发火,因此阻化率在低温时较高;而虽然阻化封堵材料通过抑制和清除煤自燃过程中新生的自由基来降低煤氧复合反应速率,在低温与高温都表现出较好的抑制效应,但由于自身也会不断反应消耗,也会导致在低温时的阻化率高于高温时的阻化率。

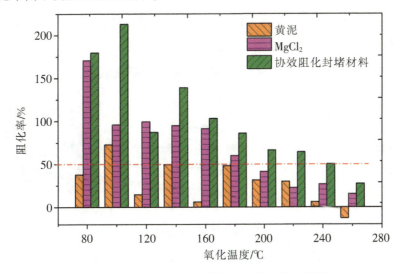

图 3-9　不同阻化剂自由基浓度阻化率演变趋势

同时,氧化温度相同时,不同阻化剂自由基浓度阻化率之间的大小关系为:阻化封堵材料>$MgCl_2$>黄泥,表明阻化封堵材料对煤自燃过程的阻化性能最强。

第三节　煤中官能团种类及检测技术

一、煤中官能团来源及分类

煤是由结构相似但又不尽相同的大分子基团结构组成的混合物,煤中含有多种反应特性的官能团,如含氧官能团羟基、醛基、羰基和羧基,脂肪烃的甲基和亚甲基,以及苯环与芳香类的芳环、芳烃等[176-180]。现有研究表明煤是一种不均质种类各异的共价键与官能团等化学结构组成的相似混合物[178-179]。共价键受到外界的干扰(升温、机械力破坏和煤化作用)断裂形成未成对电子而具有较高的反应活性;有机大分子结构的官能团会在氧化反应过程中表现出差异性的反应特性,其中反应性质活泼的官能团是煤发生氧化反应的关键体现。

开展煤氧化过程中的官能团种类与含量的反应特性研究,不仅可以探究大分子化合物的官能团参与煤氧复合反应的化学性质,而且可以通过考察阻化作用下煤中的官能团演变规律判断阻化机理与阻化效果,如图 3-10 所示。

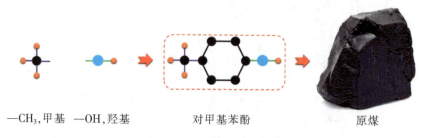

—CH₃,甲基 —OH,羟基   对甲基苯酚   原煤

图 3-10 煤中微观官能团演变规律

煤自燃是一个复杂的物理化学反应过程,在煤孔隙结构表面首先发生物理吸附和化学吸附氧气,并产生一定量的热量;热量集聚使活化能较低的官能团发生化学反应,伴随着更多热量的释放,温度进一步升高,突破临界温度点后进入快速氧化阶段进而引发燃烧[183-185]。

煤的大分子结构是由缩合芳环苯环组成的内核,外部与功能各异的侧链官能团和杂化基团相连。不同变质程度煤化过程差异性较大,基本随变质程度的升高表现出煤中杂化基团与含氧官能团持续降低,芳香性的脂肪族类结构显著增加的趋势。以低变质程度的褐煤为例,因其煤化程度较低而含有含量较多活性含氧官能团,形成其较容易氧化的特性;而高变质程度的无烟煤含有较多的有序芳香结构,杂化基团和含氧官能团含量下降显著,其参与煤氧反应的能力较差。因此不同变质程度煤的官能团种类与含量差异造就了其化学性质的不同,可以将煤中官能团归类划分为脂肪烃(甲基/亚甲基)、芳香烃(芳环、芳烃与取代苯)、含氧官能团(羟基、羰基、醚基和羧基等)以及其他特殊性质的含硫、氮官能团四大类。

二、傅里叶变换红外光谱检测技术及计算方法

20 世纪中后期,现代分析测试技术将物质表面物理化学性质展现得淋漓尽致,如俄歇电子能谱技术、二次离子质谱技术、低能电子衍射技术和电子能量损失谱技术[186-193]。这些技术的进步带来新的研究视野,为研究待测物质表面分子、原子甚至电子层面的变化规律开辟新天地。以上技术测试精度高,但是都存在一个显著弊端——其抗干扰能力差。由于煤是一种高度复杂的混合物,其表面进行检测的过程中实验误差会显著增加。与上述检测手段不同,X 射线光电子能谱技术和傅里叶变换红外光谱技术[194-196]在满足待测样品表面结构精度的基础上,其抗干扰能力较强,实验结果较为真实地反映出物质表面的性质,被广泛应用在固体颗粒表面活性结构演化的研究工作中。

傅里叶变换红外光谱技术[197-198]是指将待测物质与 KBr 按一定比例混合制成薄片放入中红外波段 4 000~400 cm⁻¹ 的测试光路中,不同样品中含有多种官能团,会吸收不同频率的光线,在红外光谱中干涉特征峰强度会产生一定的高低起伏变化;通过傅里叶红外变换处理算法,将不同干涉频率特征峰反映在 FTIR 图像中,再通过光谱图的特征峰归属得到其官能团的种类与含量的高低,以反映出待测物质的化学结构[199]。如图 3-11 所示。

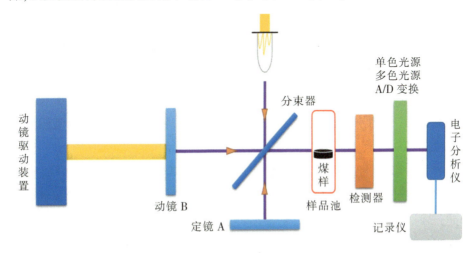

图 3-11　傅里叶变换红外光谱原理示意图

红外光是指波长介于微波和可见光之间的电磁波。其中中红外波段（2.5~25 μm；4 000~400 cm^{-1}）因其吸收效果显著，常被用来反映样品的化学官能团结构与特征峰强度的测量。

本实验选用国产港东科技研制的 FTIR-650 型傅里叶变换红外光谱仪，如图 3-12 所示。仪器光谱范围为 4 000~400 cm^{-1}，分辨率优于 1.5 cm^{-1}，信噪比为 15 000∶1，配合美国进口的高精度 DLATGS 检测器，可确保实验数据精准可靠。

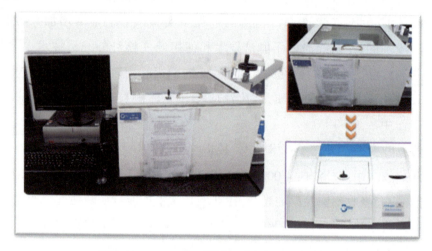

图 3-12　FTIR-650 型傅里叶变换红外光谱仪

活性官能团是煤低温氧化过程中的主要反应单元，傅里叶红外光谱是可以测量煤低温氧化过程中活性官能团的分布与含量的。实验所得图谱中一个高峰常常由多个小峰叠加干涉形成，且峰位因周围内外环境因素影响会产生不同距离的偏差，容易对定量定性分析官能团的结果产生偏差。因此，采用傅里叶去卷积法和二阶求导法解算红外光谱图中初始叠加峰位置和峰值数据，得到不同位置分开的拟合峰。然后，依据煤的红外光谱归属对所求拟合峰对应官能团的种类进行分类并求出其面积。

依据王彩萍、张嬿妮、仲晓星和杨漪等对煤红外光谱特征的研究成果[197-200]，得到煤傅里叶红外光谱中特征峰的归属表，见表 3-6。通过煤体红外光谱分峰拟合图中特征峰的归属基团种类和面积，以此来判断煤体内不同种类官能团的分布和占比，并为研究自燃过程中官能团的演化机制奠定了基础。

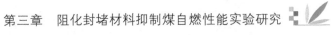

表 3-6　煤样傅里叶变换红外光谱中主要特征谱峰归属表

类型	谱峰位置/cm^{-1}	峰位编号	官能团	谱峰归属
脂肪烃	2 975~2 945	1	—CH$_3$	甲基不对称伸缩振动
	2 935~2 900	2	—CH$_2$—	亚甲基不对称伸缩振动
	2 880~2 870	3	—CH$_3$	甲基对称伸缩振动
	2 860~2 851	4	—CH$_2$—	亚甲基对称伸缩振动
	1 475~1 465	5	—CH$_2$—	亚甲基变角振动
	1 460~1 455	6	—CH$_3$	甲基不对称剪切振动
	1 380~1 370	7	—CH$_3$	甲基对称剪切振动
	747~743	8	—CH$_2$—	亚甲基平面振动
芳香烃	3 056~3 032	9	—CH	芳烃 CH 基伸缩振动
	1 910~1 900	10	C—C/C—H	苯的 C—C、C—H 振动倍频和合频峰
	1 635~1 595	11	C=C	芳香环或稠环中 C=C 伸缩振动
	1 560~1 476	12	C=C	芳香环
	900~850	13	C—H	单 H 原子取代芳烃 C—H 面外弯曲振动
含氧官能团	3 697~3 625	14	—OH	游离 OH 键,判断醇、酚和有机酸类
	3 624~3 610	15	—OH	—OH 自缔合氢键,醚 O 与—OH 氢键
	3 550~3 200	16	—OH	酚/醇/羧酸—OH 或分子间缔合的氢键
	2 780~2 350	17	—COOH	—COOH 的—OH 伸缩振动
	1 780~1 770	18	C=O	酸酐羰基 C=O 伸缩振动
	1 770~1 720	19	C=O	醛/酮/羧酸/酯/醌 C=O 伸缩振动
	1 715~1 680	20	—COOH	—COOH 的伸缩振动
	1 679~1 650	21	C=O	醌基中 C=O 的伸缩振动
	1 590~1 560	22	—COO—	反对称伸缩振动
	1 410	23	—COO—	对称伸缩振动
	1 264~1 255	24	C—O	酚、醇、醚、酯碳氧键
	979~921	25	—OH	羧酸中 OH 的弯曲振动

第四节　原煤与阻化煤样自燃过程中官能团的演变测试

一、傅里叶变换红外光谱测试参数设置

阻化处理后的试样各取 40 g 放入程序升温箱中,以 0.5℃/min 的升温速率升温到各个温度点(60℃,100℃,140℃,180℃,220℃,260℃),并在该温度点下氧化 2 h 后冷却取出并密封待测。

使用谱纯 KBr 粉末作为红外光谱测试背景,每次测量样品前,分别测得 KBr 单独压片为背景的扫描光谱。将 2 mg 处理好的煤样与 KBr 按 1∶200 的比例混合,放入研磨机研磨 10 min 左右以确保充分混合。取 100 mg 研磨混合体填入压片机,在压力 15 MPa 下受压 5 min 制成光谱待测薄片。放入样品室中进行红外光谱扫描测试,光谱范围设定为 4 000~400 cm^{-1},累加扫描 64 次,分辨率为 4 cm^{-1},从而得到煤样的红外光谱图。

二、原煤主要官能团的分布特征

首先,使用 Peakfit 4.12 软件选取煤样红外光谱曲线中 400~1 700 cm^{-1} 和 1 700~4 000 cm^{-1} 的 X 轴范围;然后通过高斯去卷积对区段内光谱进行平滑处理,并对图谱选择使用 Best 基线;最后再使用二阶导法分离拟合出叠加重合的谱峰,在达到预期的拟合度时,记录下拟合谱图官能团的面积。值得注意的是,不同区域分峰拟合的基线一定要前后一致,所获得的峰面积数据才具有可比性。图 3-13 是华阳一矿原煤红外光谱谱图的分峰拟合过程。

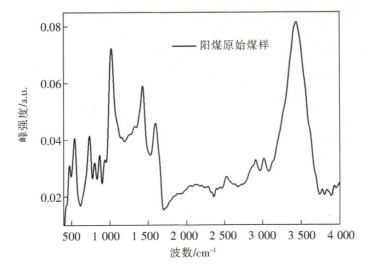

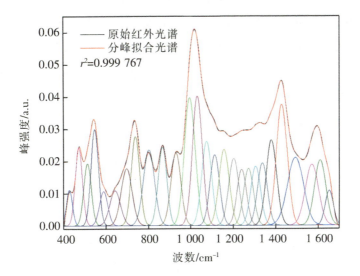

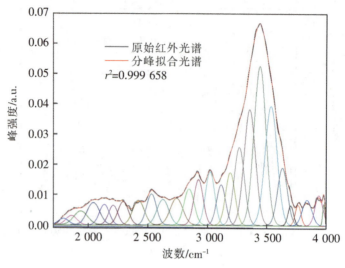

图 3-13　原煤红外光谱分峰拟合结果

根据表 3-6 红外光谱特征峰归属表,可以将分峰处理后的官能团峰位置进行归属。按照脂肪烃、芳香烃和含氧官能团三大类的归属位置,将其拟合结果进行归属分类,如表 3-7 所示。由于篇幅限制,只展示华阳原始煤样的分峰拟合统计结果。

表 3-7　原始煤样红外光谱分峰拟合数据及归属

官能团类型	峰位/cm^{-1}	峰面积/a.u.	面积百分比	谱峰编号
脂肪烃	2 921.8	1.46	3.04%	2
	2 842.0	1.3	2.70%	4
	1 491.9	1.98	4.12%	5
	1 379.3	1.61	3.35%	7
	738.7	1.39	2.89%	8
芳香烃	3 020.0	1.72	3.58%	9
	1 935.7	0.68	1.41%	10
	1 609.3	2.41	5.01%	11
	930.1	2.45	5.10%	11
	866.7	1.25	2.60%	13

官能团类型	峰位/cm⁻¹	峰面积/a.u.	面积百分比	谱峰编号
含氧官能团	3 633.5	1.46	3.04%	14
	3 535.8	3.78	7.87%	16
	3 441.7	4.11	8.55%	16
	3 356.2	3.17	6.60%	16
	3 268.6	2.3	4.79%	16
	3 192.4	1.24	2.58%	16
	1 786.4	0.64	1.33%	18
	1 652.9	1.12	2.33%	21
	1 569.8	3.11	6.47%	22
	1 337.1	1.12	2.33%	24
	1 305.3	1.06	2.21%	24
	1 271.8	1.01	2.10%	24
	1 239.9	0.95	1.98%	24
	1 202.9	1.23	2.56%	24
	1 157.7	1.41	2.93%	24
	1 113.9	1.24	2.58%	24
	1 076.1	1.53	3.18%	24
	930.1	1.33	2.77%	25

由于煤的红外光谱峰高受到仪器操作和特征峰的相互干扰,易造成峰高数值的偏差,因此本章采用分峰拟合特征峰的面积而非高度进行定量分析煤中的主要官能团的含量。表3-8为华阳原始煤样中含有的主要官能团峰面积的百分比。

表3-8 原始煤样中含有的主要官能团峰面积百分比

煤样	脂肪烃/%	芳香烃/%				含氧官能团/%				
		芳烃	芳环	取代苯	小计	—OH	—COO—	C=O	C—O	小计
YQ	16.10	4.99	10.11	2.60	17.71	36.18	6.47	3.66	19.87	66.19

从表3-8可以看出,根据红外光谱中主要吸收峰的归属,华阳原始煤样的三大官能团脂肪烃、芳香烃、含氧官能团占比分别为 16.10%、17.71%、66.19%。由于煤样的变质程度为烟煤,煤基团的构成中芳香环作为基本骨架,和含氧官能团都具有重要占比。在煤与氧复合反应过程中,煤中活性化学键和基团都会随着温度的升高而发生变化。阻化剂的添加势必会影响煤氧反应进程,影响程度的多少必然会反映到煤中官能团的含量变化上。探究煤自燃过程中的活性基团的演变规律,可以揭示煤自燃过程中主要官能团的演化历程以及阻化剂对其阻化的作用。

三、不同阻化煤样自燃过程中官能团的演变规律

根据上述计算方法和统计结果,得到了不同氧化温度下煤中主要官能团特征峰面积所占的百分比,如表3-9所示。

表3-9 不同试样煤自燃过程中主要官能团峰面积占比

样品名称	温度	脂肪烃/%	芳烃/%	含氧官能团/%	
				—OH	—COO—
原煤	20	16.10	4.99	36.18	6.47
	60	14.15	3.84	33.62	3.96
	100	13.94	3.61	31.70	4.67
	140	11.38	3.57	30.02	7.15
	180	6.71	3.21	27.15	10.10
	220	6.10	2.89	24.36	13.86
	260	3.81	2.20	20.28	16.37
原煤+黄泥	20	16.45	4.82	51.44	3.99
	60	14.84	4.25	47.86	3.50
	100	14.11	3.72	44.89	4.28
	140	11.79	3.42	41.74	5.93
	180	8.24	3.34	40.87	8.09
	220	6.88	2.96	37.46	10.24
	260	4.22	2.35	33.60	14.20

续表

样品名称	温度	脂肪烃/%	芳烃/%	含氧官能团/%	
				—OH	—COO—
原煤+MgCl$_2$	20	16.84	4.76	55.04	3.72
	60	15.24	4.52	53.92	3.13
	100	13.36	3.86	51.92	6.50
	140	12.07	3.50	50.24	7.05
	180	9.76	3.38	45.30	7.40
	220	7.34	3.02	43.66	8.95
	260	5.01	2.39	38.45	12.20
原煤+阻化封堵材料	20	16.24	4.88	48.95	4.24
	60	15.07	4.67	48.07	3.23
	100	13.79	4.20	46.37	4.06
	140	12.67	3.76	45.31	5.35
	180	10.41	3.52	41.36	6.68
	220	9.45	3.35	40.77	8.16
	260	8.36	3.06	39.85	10.80

1. 脂肪烃官能团

根据各试样在自燃过程中对归属甲基、亚甲基范围内特征峰的分峰拟合结果,得到四种不同阻化煤样中脂肪烃($—CH_3/—CH_2—$)峰面积随着温度的变化曲线,如图 3-14 所示。从图中可以看出,不同添加剂的煤中脂肪烃峰面积百分比都呈现出逐渐下降的趋势,这说明脂肪烃($—CH_3/—CH_2—$)是参加煤氧复合反应的主要反应物之一。原始煤样中脂肪烃($—CH_3/—CH_2—$)峰面积百分比的持续下降,表面煤中脂肪烃侧链结构随着温度的升高变得不稳定,煤自燃升温过程中脂肪烃$—CH_3/—CH_2—$被氧化消耗,造成其含量的下降。

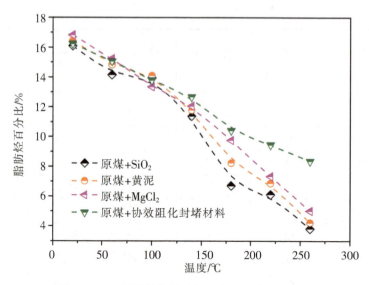

图 3-14　不同煤样自燃过程中脂肪烃的变化趋势

随着不同阻化特性添加剂的加入,煤中现有的脂肪烃(—CH₃/—CH₂—)的含量受到阻化剂的抑制作用,整体下降趋势得到一定程度的延缓。这说明不同阻化材料的介入,都会影响煤中脂肪烃(—CH₃/—CH₂—)含量被氧化的进程,从而降低脂肪烃(—CH₃/—CH₂—)特征峰面积的下降趋势。其中,黄泥和MgCl₂表现出的下降趋势较为接近,而阻化封堵材料在 160℃后仍然将脂肪烃(—CH₃/—CH₂—)的含量保持在高位,下降的减缓程度更为明显。这说明阻化封堵材料中含有的高水材料具有吸热效果和蒸发降温的作用,同时由于其中含有的高效抗氧剂比较容易给出氢离子,迫使中断脂肪烃的链式反应,从而抑制了它们持续被氧化。

2. 芳烃官能团

由于芳香烃中的芳环和取代苯参与反应的活性较低[200-203],因此选择芳烃—CH 进行不同煤样自燃过程中的演变趋势研究,如图 3-15 所示。与脂肪烃在煤自燃氧化过程中的变化趋势相一致,随着温度的升高,不同阻化煤样中芳烃—CH 谱峰面积百分比整体呈现出逐步降低趋势。不同阻化添加物的煤样中芳烃—CH 随温度的变化也表现出一定的阶段性。芳烃—CH 的特征峰面积虽然不如脂肪烃的占比高,但芳环和取代苯等芳香烃的官能团中,芳烃—CH 仍具备一定程度的反应活性,因此同样可以用来反映煤自燃进程。

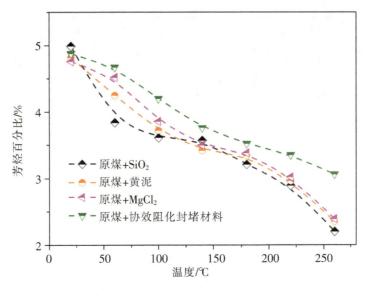

图 3-15 不同煤样自燃过程中芳烃的变化趋势

随着不同阻化材料的加入,煤中芳烃—CH 的含量随氧化温度的升高呈现了一定程度的延缓。黄泥和 $MgCl_2$ 由于有一定程度的物理吸水降温作用,在100℃之前延缓了煤样受热分解,降低了煤中—CH 的消耗。但随着温度进一步升高,这两种阻化材料中水分蒸发完毕,失去阻化效果后,在升温后期芳烃—CH 的下降趋势与原煤保持一致。协同阻化封堵材料中不仅含有一定的高水物质,而且抗氧剂在一定程度上抑制了煤受热分解,从而降低了煤样的芳烃—CH 峰面积百分比的下降趋势。

3. 含氧官能团

由图 3-16 可知,四种不同阻化煤样中羟基(—OH)的特征峰面积相对含量较高,充斥在整个煤自燃过程中并呈现出明显的下降趋势,这说明羟基(—OH)是参加煤氧复合反应的主要官能团之一。原煤和添加黄泥样品在温度升高到 100℃前,煤中原生羟基(—OH)的消耗显著,以至于羟基含量明显下降。随着氧化温度的持续升高,羟基(—OH)含量的下降趋势减缓,此时脂肪烃被氧化产生的次生羟基基团含量增加。温度达到 180℃后,羟基(—OH)的消耗速率高于生成速率,所以—OH 特征峰面积出现明显降低趋势。

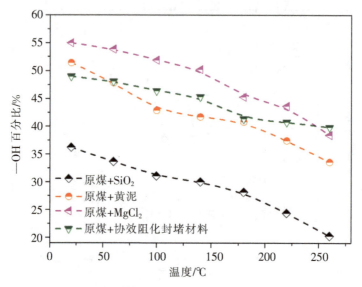

图 3-16　不同煤样自燃过程中羟基—OH 的变化趋势

添加阻化材料后的三种样品由于一定程度上延缓了煤氧复合进程，所以羟基(—OH)的相对含量高于原始煤样。同时，$MgCl_2$ 和阻化封堵材料中携带的水分蒸发。添加黄泥的煤样由于只是含有水分，温度升高到 100℃，水分蒸发，煤中的—OH 开始大量参与反应，导致升温后期—OH 基团急剧减少。当温度达到 220℃后，$MgCl_2$ 阻化煤样中羟基含量出现明显下滑。相比于 $MgCl_2$ 阻化剂，阻化封堵材料煤样中羟基的下降幅度较为平缓，表现出较高的抑制煤自燃效果。

由图 3-17 可以看出，与其他官能团，在煤自燃过程中的变化趋势不同，各阻化煤样的—COOH 峰面积百分比随氧化升温呈现出先下降后逐渐上升的趋势。这说明—COOH 作为一种累积官能团，在煤自燃过程中的含量逐渐增多，也是反映煤自燃过程的重要基团之一。随着热量的聚集，原煤中初始—COOH 基团受热分解造成该基团含量降低。随着温度进一步升高，煤氧复合反应过程中消耗的—OH 和 C═O 结合生成的次生—COOH 增多，造成—COOH 峰面积百分比在随后的温度范围内出现大幅度的上升。

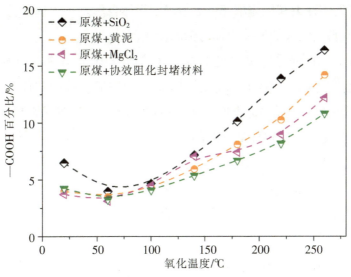

图 3-17　不同煤样自燃过程中羧基的变化趋势

阻化材料加入后,华阳一矿原煤中—COOH 在一定温度范围内的变化趋势产生了抑制效应。首先,在初始升温阶段,由于添加了各个阻化材料,煤中原生—COOH 参与反应的含量和活性降低。而黄泥只是由于含有水分起到了蒸发散热的作用,在随后的温度范围内变化缓慢。由阻化材料对煤中芳烃和羟基基团的作用影响可知,$MgCl_2$ 和阻化封堵材料在一定程度上抑制了—OH 基团参与反应的进程,因此由—OH 结合产生的—COOH 的含量低于原煤正常自燃过程的。阻化封堵材料借助高水材料的高吸收水的特性,以及包含高效的抗氧剂的化学阻化作用减缓了—COOH 的生成速率,其阻化效果覆盖在整个煤自燃过程中。

第五节　原煤与阻化煤样自燃过程标志性气体演化实验

一、煤自燃过程中标志性气体的选择

煤在氧化过程中不断积蓄热量,同时会解吸产生多种气体,如 CO、CO_2、CH_4、烯烃、烷烃等,不同的煤种在不同的温度下产生气体的种类和浓度不尽相同,根据气体种类和气体浓度可近似确定煤体自然发火火源的范围,可以用来预报煤炭自然发火的气体则称为标志性气体。

在以往对阻化剂抑制煤氧化自燃的实验研究中,选择能够反映煤氧化自燃状态的合理标志性气体非常重要。标志性气体的选择需遵循以下原则。

(1)可测性。选择的标志性气体须在现有的技术条件下能利用仪器仪表准确检测,且能够反映煤体氧化时的温度。

(2)规律性。在煤种、开采方法、温度、地应力等条件相同的情况下,标志性气体应具有较强的稳定性,要能够大概率地预报煤炭自燃。

(3)灵敏性。选择的标志性气体应能准确反映煤炭自燃情况,且误差应在可测量的范围内。

目前各个国家选用的反映煤炭自燃的标志性气体各不相同,如表 3-10 所示。

表 3-10　各个国家选用的煤炭自燃标志性气体

国家名称	标志性气体	
	主要指标	辅助指标
中国	CO、C_2H_2、C_2H_4	C_2H_6/CH_4、$CO/\Delta O_2$(ΔO_2 为耗氧量)
美国	CO	$CO/\Delta O_2$
俄罗斯	CO	C_2H_6/CH_4
英国	CO、C_2H_4	$CO/\Delta O_2$
日本	CO、C_2H_4	C_2H_6/CH_4、$CO/\Delta O_2$
德国	CO	$CO/\Delta O_2$
波兰	CO	$CO/\Delta O_2$
法国	CO	$CO/\Delta O_2$
加拿大	CO	$CO/\Delta O_2$
澳大利亚	CO	$CO/\Delta O_2$

由于在煤炭氧化过程中 CO 的逸出量与煤体温度呈指数关系,因此各个国家各个地区的学者在煤炭自燃的早期预测预报研究中常将 CO 作为主要的标志性气体使用。但是由于 CO 在煤氧化升温过程中温度区间范围较长,如

将 CO 作为唯一的指标气体则将降低煤自燃预测预报的准确性。为了更加准确地预测预报煤体的自燃情况,还需要其他气体作为辅助指标。

本书将 CO 和 C_2H_4 作为主要气体指标来综合考察阻化抑制效果。

二、标志性气体测量方法及过程

选取黄泥、$MgCl_2$ 作为对比阻化剂,分别将其与去离子水配制成质量分数为 20% 的阻化液。以 15% 作为标准添加比,分别向原煤中添加阻化封堵材料、黄泥浆液、$MgCl_2$ 阻化液。此外,基于单一变量原则,以 15% 的添加比向原煤中添加质量分数为 20% 的 SiO_2 悬浊液作为原煤对照组。随即将混合煤样置于真空干燥箱内,开启真空干燥模式,维持 40℃ 低温环境,干燥 30 h 以上冷却后密封。

采用北京东西分析仪器有限公司生产的 GC-4000A 型气相色谱仪对解吸出的气体进行检测和分析,如图 3-18 所示。GC-4000A 型气相色谱仪可测定 O_2、N_2、CO、CO_2、CH_4、C_2H_6、C_2H_4 等气体的浓度。

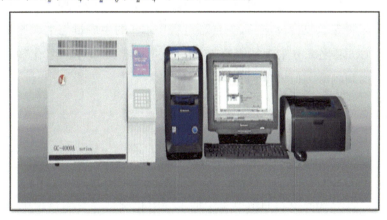

图 3-18 GC-4000A 型气相色谱检测分析系统

三、原煤与阻化煤样自燃过程 CO 生成与变化规律

依据上述的标志性气体测量方法,通过实验测得原煤对照组以及阻化煤样氧化升温过程中 CO 浓度的演变趋势如图 3-19 所示。

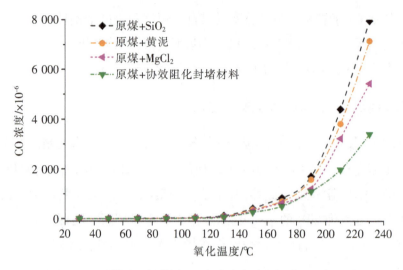

图 3-19　原煤及阻化煤样 CO 生成浓度随氧化升温变化规律

由图 3-19 可知,原煤对照组以及阻化煤样自燃过程中 CO 浓度的演变趋势基本一致,整体呈现出先缓慢增加后快速增加的趋势。不同点在于,添加阻化剂后的煤样在相同氧化温度时的 CO 浓度均小于原煤对照组,表明阻化剂能够有效抑制煤氧复合反应,减少自燃过程中 CO 的生成量与生成速率。

引入 CO 阻化率 η 来表征煤自燃过程中不同温度下各个阻化剂对 CO 浓度上升的抑制幅度,其计算公式如下:

$$\eta = \frac{c_x - c_y}{c_x} \tag{3-14}$$

式中:c_x 为氧化温度 x℃时原煤对照组的 CO 浓度,c_y 为氧化温度 x℃时添加 y 阻化剂试样的 CO 浓度。

通过计算得到原煤对照组以及添加不同阻化剂试样自燃过程中氧化至不同温度时的 CO 浓度阻化率 η,如表 3-11 所示;将表中数据绘制作图,如图 3-20 所示。

表 3-11　不同阻化剂 CO 浓度阻化率演变趋势表

氧化温度/℃	CO 浓度阻化率/%		
	黄泥	MgCl₂	阻化封堵材料
70	50.00	50.00	100.00

氧化温度/℃	CO 浓度阻化率/%		
	黄泥	MgCl$_2$	阻化封堵材料
90	25.00	35.00	55.00
110	20.00	27.50	50.00
130	20.91	23.64	40.91
150	10.62	20.99	37.04
170	16.27	23.86	40.36
190	7.06	29.12	35.29
210	13.41	26.82	55.23
230	10.16	31.70	57.36

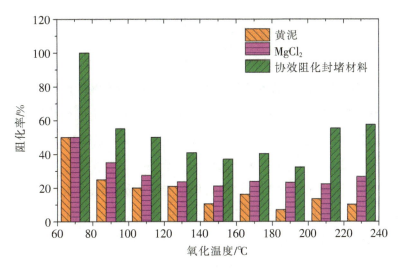

图 3-20 不同阻化剂 CO 浓度阻化率演变趋势图

由图 3-20 可知,整体而言,不同阻化剂 CO 浓度阻化率之间的大小关系为:阻化封堵材料>MgCl$_2$>黄泥,表明相较于黄泥与 MgCl$_2$,阻化封堵材料对煤自燃过程中煤氧复合反应的抑制效应更强。同时,黄泥与 MgCl$_2$ 的 CO 浓度阻化率随氧化温度的增加呈现出逐渐减小的趋势,表明其高温阻化效果较差;而与黄泥与 MgCl$_2$ 相比,阻化封堵材料的阻化率在低温与高温阶段均大幅高于两者,证明该材料在全温度段抑制煤氧反应的作用更显著。

四、原煤与阻化煤样自燃过程 C_2H_4 生成与变化规律

依据上述的标志性气体测量方法,通过实验测得原煤对照组以及阻化煤样氧化升温过程中 C_2H_4 浓度的演变趋势如图 3-21 所示。

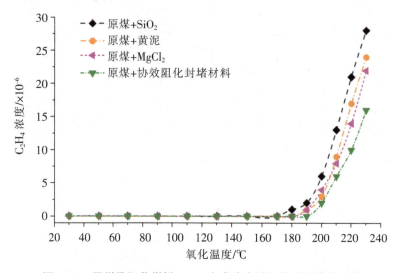

图 3-21　原煤及阻化煤样 C_2H_4 生成浓度随氧化升温变化规律

结合图 3-20 与 3-21 分析可知,与 CO 相比,C_2H_4 的生成初始温度更高,表现为原煤对照组在 70℃附近开始产生 CO,而直至氧化温度升高至 180℃附近才开始产生少量 C_2H_4。因此,将 C_2H_4 作为煤自燃高温阶段与快速氧化阶段的标志性气体,同时也可作为阻化剂阻化性能的评价指标气体。

由图 3-21 还可知,煤自燃过程中阻化剂的加入在一方面延迟了 C_2H_4 的生成,另一方面也降低了相同氧化温度时 C_2H_4 的生成浓度。对比三种阻化煤样的 C_2H_4 浓度曲线可知,阻化封堵材料抑制煤自燃过程中,C_2H_4 生成的能力比黄泥与 $MgCl_2$ 更明显。

第六节　本章小结

自由基和活性官能团是煤自燃过程中起到至关重要作用的基团,探究煤

自燃过程中的自由基和官能团的演变规律,可以从微观结构的变化层面揭示阻化封堵材料抑制煤自燃的机理。基于此,以黄泥和 $MgCl_2$ 为对比实验组,开展阻化封堵材料抑制煤自燃的对比考察研究。本章采用了电子自旋共振波谱仪和傅里叶变换红外光谱仪对煤自燃过程中的自由基和活性基团进行了研究,定性定量分析了原样和不同阻化煤中自由基和活性基团的种类和含量。得到了以下主要结论。

(1)依据添加不同阻化剂后煤的 EPR 图谱 g 因子结果,可知, g 因子随着温度的升高呈现出先下降后上升的变化趋势,表明了煤自燃过程中产生了新的自由基。虽然添加了不同的阻化材料,但是煤样中 g 因子都表现出先下降后上升的变化趋势。不同阻化煤样 EPR 图谱的线宽 ΔH 随着温度的升高表现出逐渐降低的趋势,且线宽 ΔH 变化幅度逐步拉低,与温度之间存在明显的阶段性特征。

(2)无论是原煤或者添加阻化剂的煤样,自燃过程中自由基浓度 N_g 均呈现出先缓慢增加后快速增加的趋势。当温度升高至160℃后,添加黄泥的阻化煤样的自由基浓度上升趋势与原始煤样几乎无异,丧失阻化效果;此时加入 $MgCl_2$ 的阻化煤样的自由基浓度虽然低于原煤和添加黄泥的样品变化量,但仍高于添加阻化材料的。加入阻化封堵材料的阻化煤样自燃过程中自由基浓度在氧化温度为 60~100℃ 范围内明显存在降低趋势,表明此阶段阻化封堵材料对于自由基生成的抑制效应更强,阻化效果显著优于其他阻化剂。

(3)从自由基浓度增长率和自由基浓度阻化率的结果可知, $MgCl_2$ 和阻化封堵材料的阻化效果覆盖整个煤自燃过程中,而黄泥对煤中自由基浓度的阻化率则在整个煤自燃过程中维持在较低水平,并在 260℃ 时出现负值。其中, $MgCl_2$ 主要起作用(阻化率大于50%)的温度阶段在 80~180℃ 之间,而阻化封堵材料的主要作用温度在 80~240℃ 之间。

(4)原煤中脂肪烃($—CH_3/—CH_2—$)含量随温度的升高持续下降,表明煤自燃过程中脂肪烃侧链结构稳定性降低而被氧化消耗,造成其含量的下降。随着不同阻化材料的加入,煤中现有的脂肪烃($—CH_3/—CH_2—$)的含量受到抑制,整体下降趋势得到一定程度的延缓。其中黄泥和 $MgCl_2$ 表现出的下降趋势较为接近,而阻化封堵材料中高水材料的富水性以及高效抗氧剂的阻化作用,迫使抑制脂肪烃(—CH$_3$/—CH$_2$—)的链式反应中断,从而延缓了氧化进程。

(5)具有一定活性的芳烃—CH官能团在不同煤样自燃过程中呈现出逐步降低趋势。添加不同阻化剂的煤样芳烃—CH随温度的变化也表现出一定的阶段性。不同阻化材料的加入,煤中芳烃—CH的含量随氧化温度的升高呈现了一定程度的延缓。黄泥和MgCl$_2$由于只具备物理吸水降温作用,在100℃之前延缓煤样受热分解,减少了煤中的—CH的消耗。协同阻化封堵材料中不仅含有能吸收水分的高水物质,其内部的抗氧剂在一定程度上也会抑制煤受热分解,从而降低煤样的芳烃—CH含量的下降幅度。

(6)煤中羟基(—OH)含量随温度的上升呈现出稳步下降的变化。随着温度进一步提升,脂肪烃被氧化产生的次生羟基基团含量增加,同时—OH和C═O结合生成的次生—COOH增多,造成—COOH含量出现大幅度的上升趋势。添加阻化剂后的三种样品在一定程度上延缓了煤氧复合进程,减缓了—OH的减少和—COOH的生成。相比于黄泥和MgCl$_2$阻化剂,阻化封堵材料煤样中羟基的下降幅度较为平缓,其抑制效果最为显著。

(7)煤自燃过程中阻化剂的加入在一方面延迟了CO与C$_2$H$_4$的生成,另一方面也降低了相同氧化温度时CO与C$_2$H$_4$的生成浓度。对比三种阻化煤样的CO与C$_2$H$_4$浓度曲线可知,阻化封堵材料抑制煤自燃过程中CO与C$_2$H$_4$生成的能力比黄泥与MgCl$_2$更显著,这充分证明了阻化封堵材料的物理、化学阻化特性更强,能在更大程度上延缓煤自燃进程。

第四章 阻化封堵材料密封堵漏
性能实验研究

　　煤体裂隙按照其成因可以分为内生裂隙和外生裂隙,内生裂隙是指成煤过程中由于温度骤变、组分热解、体积坍塌等因素形成的裂隙;外生裂隙又称"节理",是指构造变形期间由于地应力作用而形成的裂隙[204]。煤体裂隙是气体流通和气体交换的重要通道,其数量与尺度决定了气体在煤体中的运移能力。小煤柱工作面开采过程中,在采动与地应力叠加作用下,小煤柱内部形成连通工作面顺槽巷道与邻近老空区的裂隙通道。小煤柱内部贯通裂隙形成后,工作面顺槽巷道与邻近老空区间气体交换频繁,容易导致巷道瓦斯超限以及邻近老空区遗煤自燃等灾害。因此,对小煤柱内部裂隙进行有效封堵是解决小煤柱工作面瓦斯与煤自燃灾害的关键。

　　封堵材料的密封堵漏性能主要由其自身的致密性以及其裂隙中的渗透性决定。封堵材料裂隙的发育程度、连通性以及规模大小决定了气体在材料内部的运移能力,进而影响材料的堵漏性能。本章首先从宏观和微观两个层面对比分析了阻化封堵材料与常规水泥、黄泥封堵材料裂隙发育特征的差异,明确了阻化封堵材料自身优异的致密性。在此基础上测试了阻化封堵材料的渗透性能以及堵漏风性能,并探究了阻化封堵材料在堵漏风性能方面的优势。

第一节　阻化封堵材料裂隙发育的宏微观特征

一、裂隙发育的宏观裂隙特征分析

　　封堵材料在蒸发干燥的外部环境下,表面会在一定的时间内呈现出宏观裂隙的发育特性,甚至内部会出现较深的裂纹。随着时间的推移和水分蒸发的持续,致密性低、封堵效果差的材料表观裂隙发育特征显著,而高致密性材料裂隙发育特征则较为迟缓。因此,可以通过对封堵材料宏观裂隙发育演化特征的分析来评价材料封堵性能的优劣。

按照封堵加固小煤柱的1∶2的料水比,分别将阻化封堵材料和常规封堵材料水泥、黄泥与水按比例搅拌均匀后倒入培养皿中。根据现场井下实际温度状况(18~27℃),在实验室进行三种封堵材料的宏观裂隙发育实验时,将凝固脱水后的材料观测培养皿放置在20±1℃的恒温培育箱中进行为期15 d的恒温养护,分别于第5 d、10 d、15 d观察各封堵材料凝固脱水后的宏观裂隙变化。材料在为期15 d的培养周期内宏观裂隙变化如图4-1所示。

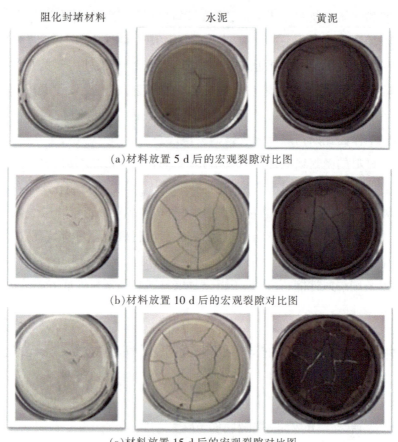

阻化封堵材料　　　　水泥　　　　黄泥

(a)材料放置5 d后的宏观裂隙对比图

(b)材料放置10 d后的宏观裂隙对比图

(c)材料放置15 d后的宏观裂隙对比图

图4-1　三种封堵材料养护1~15 d宏观裂隙变化对比图

如图 4-1(a)所示,从三种封堵材料恒温养护 5 d 的变化图像来看,黄泥和水泥材料率先出现裂隙,而此时的阻化封堵材料仍处于较为平整的形貌状态。实际上,在恒温箱体内养护的第 3 d,黄泥培养皿的周边区域就已经出现细微裂隙。第 4 d 开始,水泥培养皿的中部区域出现明显的裂隙。这说明水泥封堵材料相较于黄泥而言,封堵效果较好,但次于阻化封堵材料。裂隙发育到 10 d 后,其表面孔裂隙已经显著变化,如图 4-1(b)所示。黄泥材料的裂隙已经从培养皿的周边向中部集中发育,原有周边裂隙继续开裂形成贯穿连通;水泥在原有中部裂隙的基础上,大的裂隙已经贯通培养皿周边玻璃壁;此时的阻化封堵材料表面只有些许的表皮翘起。随着裂隙发育到 15 d,如图 4-1(c)所示,黄泥封堵材料的持续收缩导致材料表面不断收缩开裂,并形成较大裂缝,可以清晰地看到培养皿底部,裂隙发育程度最高,可以推断其封堵效果最差;水泥封堵材料的表面亦是持续开裂,裂隙发育程度高于之前两个时间点的宏观观测,封堵效果一般;阻化封堵材料仍然只是少许的表皮开裂,封堵效果依然较好。

从三种材料横向对比来看,相同培育条件下各试样分别放置 5 d、10 d、15 d 后,阻化封堵材料、水泥、黄泥的裂隙发育程度逐渐增大,封堵效果逐渐下降;从各材料时间纵向对比来看,同一材料随着时间的推移,阻化封堵材料最为稳定,水泥封堵材料裂隙逐渐增大,而黄泥封堵材料的裂隙发育程度最大。由此可见,阻化封堵材料致密性强,且随时间增加裂隙发育特征也较为迟缓。

二、阻化封堵材料微观结构分析

本书微孔裂隙研究采用美国生产的 FEI Quanta™ 250 型高倍扫描电子显微镜对阻化封堵材料及其对比材料的微孔裂隙情况进行观测,该仪器具有极高的放大倍数,可实现 6 倍~100 万倍镜下物像观测,分辨率较高,加速电压范围在 0.2 kV~30 kV 之间。该仪器如图 4-2 所示。

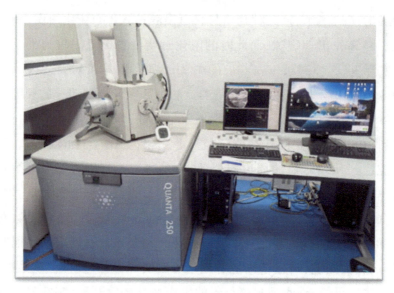

图 4-2 Quanta^TM 250 型高倍扫描电子显微镜

在做扫描电镜微孔裂隙实验前,把阻化封堵材料、水泥以及黄泥分别切割成长×宽×高＝1 cm×1 cm×1 cm 左右形状规则的样品,然后对其中一个面进行抛光处理,将抛光面处理后的样品表面附着物处理干净,再将处理干净的样品置于真空密闭室进行干燥处理,最后对干燥样品喷镀一层厚度约10~20 nm 的金属膜进行导电处理。样品制作好后,将其置于扫描电镜下观测。阻化封堵材料、水泥以及黄泥放置 5、10、15 d 的 SEM 对比图如图 4-3 所示。

由图 4-3 可知,整体而言,在相同放大倍数(×6 000)和培养天数条件下,阻化封堵材料较于水泥与黄泥,其内部结构更为致密,孔隙、裂隙、孔洞的数量更少,尺度更小。这是阻化封堵材料能够具有优良封堵性能的基础,也是其封堵性优于水泥与黄泥的重要因素之一。

同时,由图 4-3 还可以得到,水泥与黄泥表面凹凸不平,富含大量孔洞与微裂隙,使其具有较大的表面积,为材料内部水分流失与蒸发提供了运移通道与反应场所,导致水分流失过快,保水率较低;而阻化封堵材料表面较为光滑,孔洞与微裂隙的数量和尺度均较小,使得水分流失速率较低,为材料较高的保水率提供基础。

此外,随着培养时间的增加,阻化封堵材料、水泥以及黄泥内部孔隙、裂隙、孔洞的数量与尺度也相应增加；但整体而言，阻化封堵材料随培养时间的增加，其孔裂隙的发育程度较低，显著低于水泥与黄泥，这为长效保持较好封堵性能奠定了基础。

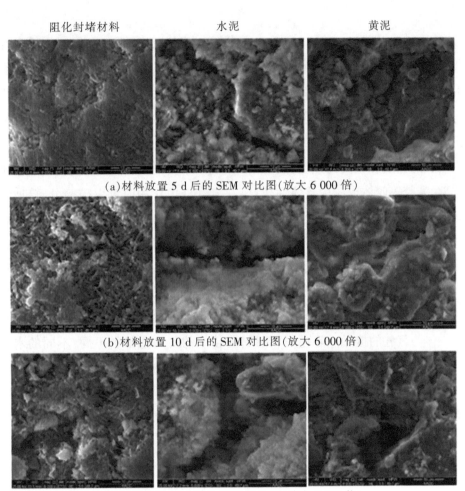

阻化封堵材料　　　　　水泥　　　　　　　黄泥

(a)材料放置 5 d 后的 SEM 对比图(放大 6 000 倍)

(b)材料放置 10 d 后的 SEM 对比图(放大 6 000 倍)

(c)材料放置 15 d 后的 SEM 对比图(放大 6 000 倍)

图 4-3　三种封堵材料放置 1~15 d 的 SEM 对比图

第二节　阻化封堵材料渗透性能测试

在进行煤矿井下防灭火工作时,需要将阻化封堵材料的浆液泵入目标作业区域,一般来说,容易自然发火的煤体都呈松散破碎状态,孔隙和裂缝较多。本书所述的渗透性是指阻化封堵材料浆液在松散破碎状态,煤体内部以及煤与煤之间空隙渗流运移的能力,它不仅与阻化封堵材料浆液本身的性质有关,还跟煤体的粒径密切相关。传统的黄泥或粉煤灰等封堵材料含有大量骨料,有较大的黏度和较高的强度,但也因此导致其在煤体等介质中流动性较差;水玻璃、凝胶等胶体成胶后整体性较好,在未受外力作用时难以破碎分解,所以其流动性也较差。本项目研发的阻化封堵材料主要成分是水,所以流动性较强,容易渗入煤体内部。

小煤柱煤体以及采空区遗煤通常呈松散状态,并具有较多孔隙和裂缝。当采用阻化封堵材料进行阻化封堵时,该材料不仅能覆盖在煤体表面并隔绝氧气与煤体的接触,而且还能渗透到煤体的裂缝中堵住漏风通道,进一步阻止了煤体与氧气的接触。阻化封堵材料与传统的防灭火材料不同,不同的水灰比以及凝结时间等都会影响其流动性,从而进一步影响其在煤体裂隙中的渗透性。本书所采用的阻化封堵材料是专门为煤矿井下破碎煤体防灭火工作而研制的,初凝较快,因此为了获得最佳的防灭火效果,有必要对阻化封堵材料的渗透性进行一定的研究。

一、渗透性实验方法

为了模拟阻化封堵材料在小煤柱及老空区煤体中的实际渗流情况,更加直观地分析和评价材料的渗透性能,本书采用青岛宏煜琳石油仪器有限公司生产的渗透液滤失仪来观测不同水灰比的阻化封堵材料在煤体中的渗透情况,实验仪器如图4-4所示。

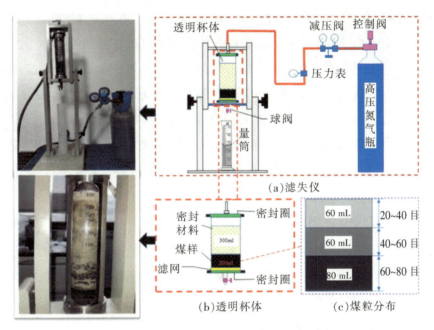

图 4-4 渗透性实验设备示意图和实物图

圆柱体样品罐由亚克力透明材料制成,直径为 5 cm,底部固体样品注入量为 200 cm³,上部浆液注入量为 300 cm³;可以通过圆柱体样品罐上的刻度尺直接观察阻化封堵材料在煤层中的渗透情况,评价渗透性的主要指标是渗透深度以及回收的滤失量。渗透深度又称为完全封堵深度,是指阻化封堵材料渗入滤失仪样品罐中实验煤体后能够彻底封堵煤层空隙的深度,是评价渗透性的关键指标。回收的滤失量是指渗透到滤失仪样品罐中实验煤样最底部而没有被利用的阻化材料的质量,滤失量越少,说明渗入实验煤样中的阻化封堵材料的利用率越高,材料成本越低。该指标是确定最佳渗透性的重要依据。

本实验分为小煤柱带压注浆渗透和邻近老空区不带压自然渗透两个部分进行。

1. 小煤柱带压注浆渗透实验

本实验根据能注入煤体裂隙的渗透深度和具有相应加固强度两个指标共同确定阻化封堵材料的最佳渗透效果。在没有滤失量的情况下,渗透深度越大或接近滤失仪样品罐中实验煤样最底部深度(此深度为滤失仪样品罐深度10 cm)时,渗透效果越好;料水比越高的材料,其加固煤柱的强度越强。

首先将 80 cm³ 的 60~80 目、60 cm³ 的 40~60 目、60 cm³ 的 20~40 目的华阳一矿 83103 小煤柱工作面的实验煤样依次倒入可透视的透明杯体中的滤网上,轻轻压实,用来模拟井下小煤柱三维空间压实煤体。在材料配制搅拌均匀 3 min 后,在装置上方一定高度分别将配制好的料水比为 1∶1、1∶2、1∶4 的阻化封堵液均匀地倒在实验煤体上,上紧杯盖,为模拟井下注浆泵向小煤柱注浆的实际压力情况,待材料倒入样品罐后接通气源,将压力调至 0.5 MPa,打开放气阀,观察并记录材料在碎煤空间内的渗透深度以及滤失仪下方回收漏液的滤失量。

2. 邻近老空区不带压自然渗透

依据渗透深度和滤失量两个指标来共同确定邻近老空区相应水灰比材料的最佳渗透效果,将渗入滤失仪样品罐中实验煤样最底部或接近最底部的深度(此深度为滤失仪样品罐深度 10 cm)和此时没有滤失量的相应水灰比的阻化封堵材料确定为渗透效果达到最佳。

实验方法基本与(1)相同,不同之处是关闭空气瓶放气阀,模拟阻化材料浆液通过小煤柱注浆孔注进老空区覆盖在遗煤表面后自然渗入煤体的情况。

二、实验结果及分析

1. 模拟向小煤柱带压注浆渗透实验结果

通过实验获得了在 0.5 MPa 通气压力条件下,不同料水比的阻化封堵材料经历不同放置时间后于煤层中的渗透深度及滤失量数据,如表 4-1 所示,将渗透深度数据整理并绘制成图,如图 4-5 所示。

表 4-1　在 0.5 MPa 通气压力条件下渗透深度和滤失量数据汇总表

时间/min	渗透深度/cm			时间/min	滤失量/mL		
	1∶1	1∶2	1∶4		1∶1	1∶2	1∶4
1	0	0	4.5	6	0	0	3.3
2	1.1	2.5	6.7	8	0	0	7.6
4	2.3	4.3	8.9	10	0	0	13.5
6	3.7	7.1	10	15	0	0	15.7

续表

时间/min	渗透深度/cm			时间/min	滤失量/mL		
	1:1	1:2	1:4		1:1	1:2	1:4
8	4.2	8.6	10	20	0	2.4	15.8
10	4.2	9.7	10	25	0	5.2	15.9
15	4.2	9.8	10	30	0	7.8	15.9

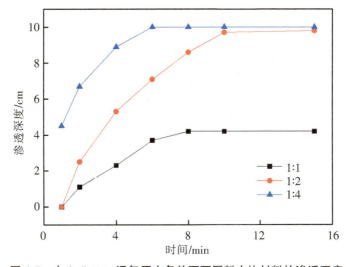

图 4-5　在 0.5 MPa 通气压力条件下不同料水比材料的渗透深度

根据表 4-1 和图 4-5 可知,在气体压力为 0.5 MPa 的承压状态下,料水比为 1:1 的阻化封堵材料因初凝时间较短在短时间迅速凝固,使得渗透深度只达到 4.2 cm。料水比为 1:2 的阻化封堵材料渗透深度在 15 min 之内最高可达 9.8 cm,基本接近样品罐的完全封堵深度,渗透性较好且未出现滤失量,材料利用率较高。料水比达到 1:4 后,6 min 即出现滤失量,并随着时间的推移,滤失量逐渐增多,直至材料全部被压出,原因是随着水灰比的增加,材料的初凝时间变长,在初凝时间内材料尚未凝固而不具备强度的时候已被带压气体压出。因此,可以得出料水比达到 1:4 及之后的阻化封堵材料在 0.5 MPa 承压状态下由于未达到初凝时间而不具备加固小煤柱的能力。

因此,在小煤柱注浆压力为 0.5 MPa 的条件下,选择料水比 1:2 的阻化封堵材料既满足加固强度的要求,又可达到理想的封堵深度,为后续井下工程应用时制订小煤柱加固封堵注浆方案提供了方向性指导。

2. 模拟邻近老空区不带压自然渗透实验结果

通过实验获得了在关闭空气瓶放气阀、常压状态下,不同料水比的阻化封堵材料在经历不同放置时间后于煤层中的渗透深度及滤失量,如表 4-2 所示,将数据整理绘制成图,如图 4-6、图 4-7 所示。

表 4-2　在常压状态下不同料水比材料的渗透深度和滤失量数据汇总表

时间	渗透深度/cm					时间	滤失量/mL				
/min	1∶2	1∶4	1∶8	1∶12	1∶16	/min	1∶2	1∶4	1∶8	1∶12	1∶16
1	0.7	1.1	1.7	2.5	3.8	6	0	0	0	1.8	2.5
2	1.2	2.7	4.6	3.7	5.7	8	0	0	0	2.6	4.8
4	1.7	4.5	6.1	8.8	7.2	10	0	0	0	4.8	6.7
6	2.3	5.3	7.9	10	10	15	0	0	0	6.5	9.5
8	2.3	5.3	8.5	10	10	20	0	0	0	7.3	12.5
10	2.3	5.3	9.3	10	10	25	0	0	0	7.3	14.2
15	2.3	5.3	9.3	10	10	30	0	0	0	7.3	14.2

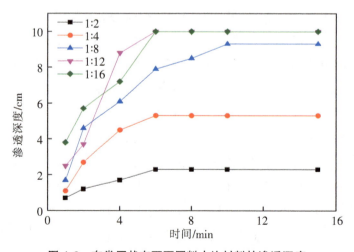

图 4-6　在常压状态下不同料水比材料的渗透深度

图 4-6 为常压状态下,不同水灰比的阻化封堵材料在经历不同放置时间后于煤层中的渗透深度。各个料水比的阻化封堵材料的封堵深度在一开始 1~6 min 范围内,渗透深度下降较快,随后基本不发生变化。这是由于阻化封堵材料的初凝时间较短,凝结速度快,浆液在很短时间内即凝固。当首次测量的时间间隔为 1 min 时,阻化封堵材料水灰比越大,阻化封堵材料在煤层中的渗透深度越深。这是因为材料的水灰比越大,其凝结时间越长,流动性越好。当放置时间为 6 min 时,料水比为 1∶2 的阻化封堵材料渗透深度达到 2.3 cm。阻化封堵材料的料水比高,封堵材料在很短的放置时间内即达到完全封堵深度。料水比 1∶2、1∶4 和 1∶8 阻化封堵材料的完全封堵深度分别为 2.3 cm、5.3 cm 和 9.3 cm。当料水比超过 1∶8 时,材料的封堵深度均大于 10 cm,可以在很大程度上封堵裂隙和覆盖煤体,但此时阻化封堵材料已出现滤失量,利用率下降,成本上升。

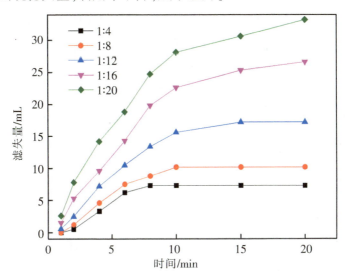

图 4-7　在常压状态下不同料水比材料的滤失量

　　图 4-7 是常压状态下,不同料水比及放置时间条件下的滤失量,整体而言,料水比为 1∶2、1∶4 和 1∶8 的阻化封堵材料由于初凝时间较短,在较短时间内即达到封堵渗透的最大高度,未见有多余材料流出滤失仪;而在随后的时间内,料水比为 1∶12 和 1∶16 的封堵材料则出现滤失量,且量筒中的滤失量呈逐渐增加的趋势。当封堵时间分别达到 20 min 和 25 min 时,料水比 1∶

12 和 1∶16 的阻化封堵材料的滤失量达到极值,分别为 7.3 mL 和 14.2 mL。

因此,综合封堵深度和滤失量两个指标,在常压状态下,料水比为 1∶8 的阻化封堵材料在模拟注入采空区遗煤时既能达到一定的封堵深度,又能满足利用率较高的要求,进而说明其渗透效果最好,为后续井下工程应用时制订邻近老空区阻化封堵注浆方案提供了方向性指导。

第三节　阻化封堵材料堵漏风性能研究

阻化封堵材料较强的保水性能使其具有优良的流动性和渗透性,可以大范围地渗入煤体,将其泵入小煤柱及采空区等目标区域后,材料很容易进入煤岩体的裂隙,并能在较短时间内充满裂隙并凝固于其中,同时还可以包裹住煤体使其隔绝氧气,可以减少小煤柱及采空区漏风,使煤体缺氧而不具有自然发火危险性。在实验室对阻化封堵材料进行堵漏风可以为后期材料应用于工程现场试验提供明确的指导,具有非常重要的现实意义。

一、封堵裂隙机理

阻化封堵材料具有一定的黏度、膨胀性以及较强的抗热稳定性和保水功能。封堵材料在凝结之前具有良好的流动性和渗透性,注入小煤柱后能有效封堵原生裂隙与空隙以及由采动和应力迁移作用产生的新生裂隙,封堵小煤柱与邻近老空区间漏风通道,减少小煤柱两侧巷道与邻近老空区间的气体交换;注入采空区后,阻化封堵材料可以在采空区遗煤表面形成一层致密性薄膜,在隔绝煤氧接触的同时抑制瓦斯解吸,减少邻近老空区遗煤向自由空间的瓦斯释放量。阻化封堵材料在裂隙中的聚集、膨胀、封堵机理示意图如图 4-8 所示。

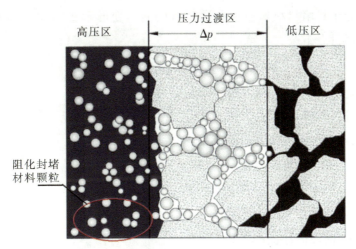

图 4-8　阻化封堵材料在裂隙中的聚集、膨胀、封堵机理示意图

图 4-8 可以看出，阻化封堵材料被压入的裂隙区称为压力过渡区，过渡区一侧为高压区，另一侧为低压区，高低压区之间存在一个压差 Δp。当封堵材料进入裂隙层时，由于压差的存在，封堵材料将快速聚集在裂隙区域。同时，封堵材料由于受注浆泵压的影响体积有所减小，而一部分汇聚在阻化封堵材料里的能量逐步释放，至封堵材料表面的内外压力平衡为止。

图 4-9 为单个分子封堵材料颗粒在孔隙喉道中的作用模型。由于颗粒的半径大于孔隙喉道的半径，颗粒必须变形才能通过孔道，而颗粒变形所需的力等于颗粒变形后的半径产生的毛管力减去颗粒变形前的半径产生的毛管力，这就是著名的贾敏效应。

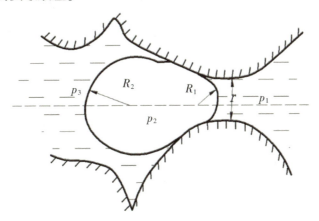

图 4-9　单个分子封堵材料颗粒在孔道窄口处遇阻变形示意图

单个分子封堵材料颗粒在孔道窄口处遇阻变形示意图如图 4-9 所示,毛管压力可通过以下公式计算:

$$\Delta p = p_3 - p_1 = 2\delta(1/R_1 - 1/R_2) \tag{4-1}$$

式中,Δp——毛管压力(即为阻力);

$\quad\delta$——界面张力;

$\quad p_1$——孔内压力(泡前压力);

$\quad p_2$——曲液面内压力;

$\quad p_3$——孔外压力(泡后压力);

$\quad R_1$——曲液面大曲率半径;

$\quad R_2$——曲液面小曲率半径。

对于单个分子而言,Δp 非常小,但是对于多个分子封堵材料颗粒的聚合体来说,叠加毛管压力却很大。在渗流介质中,由于裂缝或孔隙具有网络交叉连接的特性,基本不可能有足够的压差来克服现场的贾敏效应,因此封堵材料颗粒的聚合物分子不会侵入裂缝的深层,而只在一定区域形成一个屏蔽带。当封堵材料在小煤柱裂隙煤体内流动并遇到直径较小的裂缝时,由于贾敏效应的存在,其将很难通过,能够提高封堵强度,因此可以起到很好的封堵作用。

二、堵漏风实验流程

阻化封堵材料的料水比不同,其性能参数也表现出差异。探究不同配比下的阻化封堵材料的堵漏风变化规律,可以优选合适比例,为封堵小煤柱漏风提供依据。本书的堵漏风实验采用自制的实验平台,装置主体由定制的亚克力透明圆柱体样品测试罐、干空气钢瓶、压差计玻璃管和排水量杯组成,实验装置如图 4-10 所示。分别将原煤样和注入阻化封堵材料处理过的煤样放入测试罐中,在管的入口段接经减压阀减压控压的干空气体,可以调节进气压力。在 0.15 MPa 气体压力条件下,用排水法测定阻化封堵材料及对比材料处理后的漏气量。

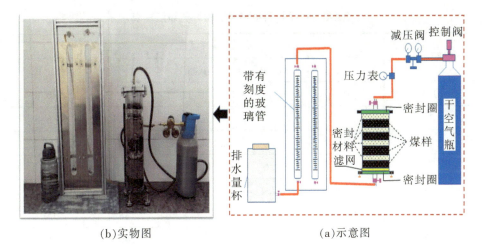

(b)实物图　　　　　　　　　　(a)示意图

图 4-10　堵漏风实验测试系统

实验流程如下。

(1)将亚克力圆柱样品罐垂直放置,并将下端出气口用滤网防止煤粉下落;

(2)向样品罐中缓慢添加 200 g 煤样,并轻轻用手压实;

(3)使用烧杯分别缓慢向样品罐中煤样浇灌阻化封堵材料、水泥浆或黄泥浆,待浆液液面与煤样表层重叠,停止加入浆液;

(4)重复步骤(2)与(3),直至样品罐内充满煤样与浆液,停止添加煤样与浆液;

(5)使用橡胶密封垫和螺栓将样品罐与底盖密封连接,而后将充满煤样与浆液的样品罐置于阴暗干燥处保存(垂直状态)。

(6)等待三种浆液凝固 10 d 后,打开与亚克力样品罐连接的压差计玻璃管,在空气负压的作用下,玻璃管内的液面稳定并记录。

(7)打开气瓶减压阀使气体压力稳定在 0.15 MPa,并计时以及记录排气导致液面的下降数值。

三、实验结果及分析

通过堵漏风实验获得了不同水灰比的黄泥、水泥和阻化封堵材料在凝固 10 d 后的漏气量,实验结果如表 4-3～4-5 所示。

表 4-3　黄泥材料堵漏风实验漏气量汇总表

时间/min	漏气量/mL				
	1∶2	1∶4	1∶8	1∶12	1∶16
0.5	0	0	6.1	20.1	36.8
1	0	0	13.2	44.8	76.6
2	0	5.2	22.8	69.34	111.5
5	3.5	9.6	46.2	106.2	152.3
10	10.5	17.2	68.7	143.5	200.0
20	18.4	28.4	88.9	188.2	200.0
30	27.3	48.6	123.5	200.0	200.0

表 4-4　水泥材料漏风实验漏气量汇总表

时间/min	漏气量/mL				
	1∶2	1∶4	1∶8	1∶12	1∶16
0.5	0	0	0	2.6	8.9
1	0	0	0	7.2	14.8
2	0	0	2.2	14.1	25.7
5	0	0	6.1	25.6	36.9
10	0	0	10.7	37.5	48.2
20	0	4.7	17.5	50.4	63.7
30	0	8.5	23.2	66.3	81.5

表 4-5　阻化封堵材料漏风实验漏气量汇总表

时间/min	漏气量/mL				
	1∶2	1∶4	1∶8	1∶12	1∶16
0.5	0	0	0	0	0
1	0	0	0	0	0
2	0	0	0	0	3.4
5	0	0	0	0	6.1

时间/min	漏气量/mL				
	1∶2	1∶4	1∶8	1∶12	1∶16
10	0	0	0	2.8	11.2
20	0	0	0	5.2	15.6
30	0	0	0	7.6	22.4

表 4-3 所展示的为黄泥在不同料水比下堵漏风的性能测试,在料水比为 1∶2 时即出现漏风现象,在承压状态下黄泥浆的堵漏风性能急剧下降。料水比 1∶8、1∶12 和 1∶16 的黄泥浆彻底失去封堵效果,因此可以判断黄泥不具有承压封堵的能力。表 4-4 为水泥堵漏风的效果考察数据,在料水比 1∶2 时具有较好的封堵效果,但是在料水比 1∶4 时也出现了漏风现象,随后料水比增高与黄泥灌浆一样失去堵漏风效果。

从表 4-5 可以看出,阻化封堵材料在料水比为 1∶2、1∶4 和 1∶8 时,承压状态下均无漏风现象。随着阻化封堵材料的料水比增加,其抗漏风的能力是逐渐减小的,但堵漏风能力均高于黄泥和水泥。结合第二节的渗透性实验,综合考虑封堵材料的利用率以及使用成本,在实际现场应用中,可选择料水比 1∶8 的阻化封堵材料用于井下老采空区防灭火。

第四节　本章小结

(1)从三种材料横向对比来看,相同培养条件下各试样分别放置 5 d、10 d、15 d 后,阻化封堵材料、水泥、黄泥的裂隙发育程度逐渐增大,封堵效果逐渐下降。从各材料时间纵向对比来看,同一材料随着时间的推移,阻化封堵材料最为稳定,水泥封堵材料裂隙逐渐增大,而黄泥封堵材料的裂隙发育程度最大。由此可见,阻化封堵材料致密性强,且随时间增加,裂隙发育特征也较为迟缓。

(2)通过扫描电镜(SEM)实验可以看出,在相同放大倍数(×6 000)和培养天数条件下,阻化封堵材料较于水泥与黄泥,其内部结构更为致密,孔隙、裂隙、孔洞的数量更少,尺度更小。此外,培养时间增加,阻化封堵材料、水泥以及黄泥内部孔隙、裂隙、孔洞的数量与尺度也随之增加;但整体而言,阻化封堵材料随培养时间的增加,其孔裂隙的发育程度较低,显著低于水泥与黄泥。

(3)通过渗透性实验可知,在小煤柱注浆压力为 0.5 MPa 时,料水比 1∶2 的阻化封堵材料既满足加固强度的要求,又可达到理想的封堵深度;在常压状态下,料水比为 1∶8 的阻化封堵材料在模拟注入采空区遗煤时既能达到一定的封堵深度,又能满足利用率较高的要求,渗透效果最好。同时,渗透性实验为后续井下工程应用时制订小煤柱加固封堵和邻近老空区阻化封堵注浆方案提供了方向性指导。根据堵漏风实验可知,在相同料水比和通气压力的条件下,阻化封堵材料的堵漏风性能明显优于水泥和黄泥,水泥次之,黄泥最差。综合考虑材料的使用成本和堵漏风效果,可选择料水比为 1∶8 的阻化封堵材料用于煤矿井下工程实践。

第五章　阻化封堵材料现场应用试验研究

前文对阻化封堵材料的阻化机理与封堵机理进行了探索,并通过对比分析明确了阻化封堵材料较于当前矿井常用阻化与封堵材料的优势,为使用阻化封堵材料进行小煤柱工作面瓦斯与煤自燃灾害防治奠定了良好的理论基础。本章以阻化封堵材料注浆加固堵漏防灭火技术在山西华阳新材料科技集团有限公司一矿的工程应用为背景,结合前期研究成果,开展阻化封堵材料注浆参数优化、钻孔布置、封孔设计等关键技术的研究,建立以协同防治小煤柱与邻近老空区瓦斯与煤自燃灾害的注浆灌注体系,最后,从裂隙封堵与煤自燃阻化两个层面对阻化封堵材料的现场应用效果进行考察。

第一节　工程概况

山西华阳新材料科技集团有限公司一矿位于山西省阳泉市西北处,地理位置如图 5-1 所示。该矿始建于 1957 年,原设计生产能力为 120 万 t/a,2005年经山西省煤炭工业局批准产能增加至 560 万 t/a,2008 年经山西煤炭工业局批准,产能继续增加至 750 万 t/a,2018 年国家批准将其列为山西省高瓦斯优质产能释放试点矿井,产能继续攀升至 850 万 t/a。

图 5-1　华阳一矿地理位置

目前,华阳一矿的主采煤层为 15 号煤层,开采平均深度约为 540 m。15 号开采煤层的最小厚度 6.60 m,最大厚度 7.80 m,平均厚度 7.05 m;15 号开采煤层为近水平煤层,煤层倾角范围在 2°~11°之间,平均约为 4°。81303 小煤柱工作面位于华阳一矿 15 号煤层的 13 采区,呈东西走向布置,81303 工作面南面为 81301 采空区,北面为未开采的实体煤,具体示意图如图 5-2 所示。81303 小煤柱工作面回风巷顶部沿着顶板在煤层掘进,截面为 5.2 m×3.8 m。

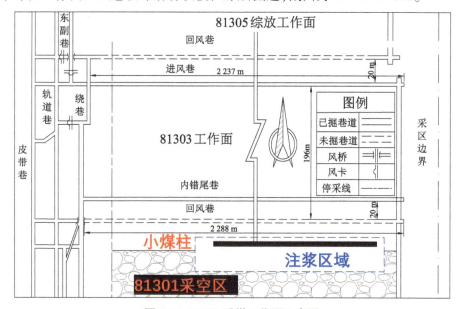

图 5-2　81303 采煤工作面示意图

15号开采煤层煤体的硬度为2.0,煤层层理与节理较发育;煤自燃倾向性为Ⅱ类自燃;煤尘不具有爆炸危险。81303小煤柱工作面回风巷呈东高西低布设,总体为单斜构造。

由于81303工作面南面为81301采空区,81303工作面与81301采空区之间设置隔离煤柱,隔离煤柱宽度为8 m,由第二章数据分析可知,小煤柱在采动应力反复扰动下内部结构疲劳损伤严重,裂隙发育程度较高,导致小煤柱两侧空间气体交换频繁,容易诱发81303回风巷与工作面有毒有害气体浓度超限以及小煤柱与81301老采空区内破碎煤体自然发火等灾害,严重威胁矿井安全高效生产。为了彻底解决这一问题,提出基于阻化封堵材料的小煤柱与邻近老空区注浆加固封堵阻化方案,并进行相应现场施工。

第二节　关键技术研究

整个小煤柱与邻近老空区阻化封堵灌注加固防灭火工程主要分为打钻注浆与注浆孔封堵两个部分。因此,本书对于关键技术的研究主要从注浆设计与封孔设计两方面开展。

一、注浆工艺

1. 小煤柱加固封堵注浆方案

小煤柱注浆加固封堵的主要参数有料水比、注浆压力、单孔注浆量、注浆钻孔布置等。

1)料水比

依据第四章中材料渗流与封堵实验的测量结果,综合考虑华阳一矿81303小煤柱工作面具体地质构造、注浆设备、管路布设、阻化封堵材料浆液配置等因素,确定浆液的料水比为1∶2。

2)注浆压力

阻化封堵材料浆液在煤体裂隙中流动时会受到一定阻力,需要一定的外部压力来抵消阻力以保障浆液渗入裂隙深部。本工程实施时选用深孔注浆的方式来封堵加固小煤柱裂隙,导致注浆孔长度较长,同时小煤柱作为受载煤体承受较大应力,致使浆液流动所受阻力大幅高于破碎松散煤体。因此,为保证浆液具有较大的渗透范围,注浆压力应在 2.0 MPa~3.0 MPa 之间。

3)单孔注浆量

为了保障注浆加固后的小煤柱不再漏风,注入的阻化封堵材料浆液量应满足破碎小煤柱的原、新生裂隙均被充满的需要。单个注浆孔的注浆量可用以下经验公式估算:

$$Q = A \times L \times \pi \times R^2 \times \beta \times \lambda \qquad (5\text{-}1)$$

式中:Q——单个注浆孔的注浆量,m³;

A——材料流失系数;

L——单个注浆孔长度,m;

R——材料流动范围,m;

β——小煤柱孔隙率;

λ——材料封堵系数。

单孔注浆量主要由煤体损伤破碎程度以及孔隙度来确定,参照山西阳泉周边类似条件的矿井以及华阳一矿的实际状况,确定 81303 工作面小煤柱的孔隙度为 0.91%~1.12% 左右,同时,将小煤柱内部裂隙充封堵率达到 90% 确认为达到理想的注浆加固封堵效果。

4)注浆孔布置和孔深

为了让阻化封堵材料浆液更充分、更均匀地渗透到 81303 破碎小煤柱煤体深部裂隙中,依据团队现场累积的注浆加固经验与实验室材料渗流和力学测量结果,81303 小煤柱工作面加固封堵注浆孔布置见图 5-3。为满足阻化封堵材料浆液充分封堵破碎小煤柱裂隙的需要,每排布设两个钻孔,注浆钻孔两两之间的垂直间距为 1.6 m,水平间距为 4 m。81303 破碎小煤柱注浆封堵注浆孔施工时选用安装 ϕ42 mm 钻头的钻机,成孔后的注浆孔孔径不得超过 ϕ45 mm。下排注浆孔距离施工巷道底板的开孔高度为 1.2 m,上排注浆孔的开孔高度为 3.2 m;两排注浆钻孔具体施工为:下排注浆孔施工直径为 42 mm,钻孔长度为 4 m,垂直于煤壁施工;上排注浆孔施工直径同样为 42 mm,钻孔角度向上倾斜约 15°,钻孔长度约为 4.1 m。

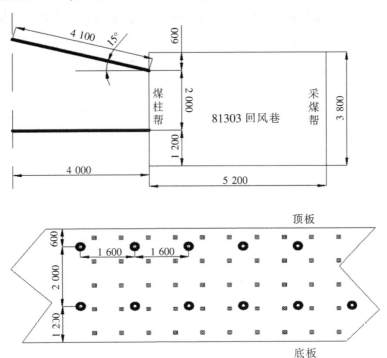

图 5-3　小煤柱加固封堵注浆孔布置设计

2. 邻近老空区阻化封堵注浆方案

邻近老空区注浆阻化封堵的主要参数有料水比、注浆压力、单孔注浆量、注浆钻孔布置等。

1)料水比

依据第四章中材料渗流与封堵实验的测量结果,综合考虑华阳一矿 81303 小煤柱工作面具体地质构造、注浆设备、管路布设、阻化封堵材料浆液配置等因素,确定浆液的料水比为 1∶8。

2)注浆压力

由于邻近老空区阻化封堵注浆孔终端位置位于采空区垮落顶板裂隙带中,具体注浆压力根据现场实际确定,理论上保证浆液可顺利注入即可。

3)单孔注浆量

根据积累的巷道充填工程经验,设计每孔注浆量为 2 t 阻化封堵材料,即平均每米巷道 1 t 注浆量。

4)注浆孔布置和孔深

为了让阻化封堵材料浆液更充分、更均匀地渗透到 81301 老空区破碎煤体深部裂隙中,依据团队现场累积的注浆加固经验与实验室材料渗流和力学测量结果,81301 邻近老空区阻化封堵注浆孔布置见图 5-4。与小煤柱注浆加固封堵注浆孔一样,为满足阻化封堵材料浆液充分封堵破碎煤体裂隙的需要,每排布设两个钻孔,注浆钻孔两两之间的垂直间距为 0.6 m,水平间距为 4 m。81301 邻近老空区阻化封堵注浆孔施工时选用安装 φ42 mm 钻头的钻机,成孔后的注浆孔孔径不得超过 φ45 mm。下位钻孔开孔的高度为 3 m,上位钻孔的开孔高度为 3.6 m;两排注浆钻孔具体施工为:下位孔施工钻孔为 75 mm,钻孔

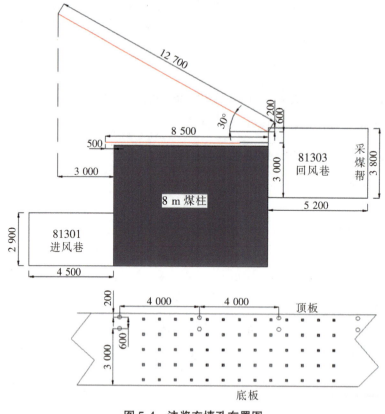

图 5-4　注浆充填孔布置图

长度为 8.5 m,垂直于煤壁;上排孔施工直径为 75 mm,钻孔向上倾斜角度约为 30°,钻孔长度约为 12.7 m。

3. 注浆设备

阻化封堵材料注浆施工时需要的主要设备及参数见表 5-1。其中,注浆泵选用 2ZBYSB300-90/5 型液压双液注浆充填泵,如图 5-5 所示。

表 5-1　注浆设备一览表

序号	名称	型号	尺寸	数量
1	双液注浆泵	2ZBYSB300-90/5	长 2 530 mm,宽 735 mm,高 1 450 mm	2
2	搅拌桶	JBJ-1500	直径 1 425 mm,高 1 910 mm	4
3	高压胶管	无	直径 32 mm	50

图 5-5　2ZBYSB300-90/5 型液压双液注浆充填泵

4. 注浆方法

(1)阻化封堵材料制备流程示意图如图 5-6 所示。

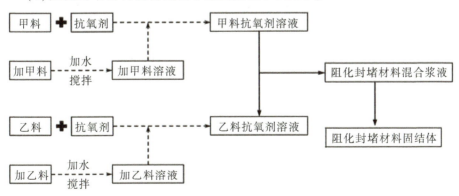

图 5-6　阻化封堵材料制备流程示意图

（2）阻化封堵材料注浆工艺示意如图 5-7 所示。

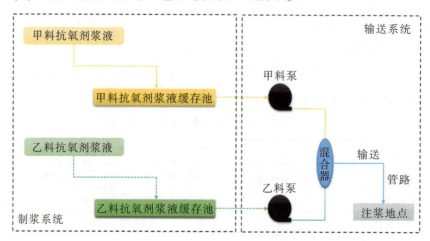

图 5-7　阻化封堵材料注浆工艺

由图 5-7 可知,阻化封堵材料注浆工艺系统包括阻化封堵材料制浆系统和输送系统两部分。其中,阻化封堵材料制浆系统由两条布设与安装参数一致的生产线组成,每条生产线分别制备出甲料抗氧剂与乙料抗氧剂,并储存在相应缓冲池内。阻化封堵材料主要包含注浆泵、注浆管与混合器三个部分。当缓冲池积累一定量的甲、乙抗氧剂后,同时开启相应的注浆泵抽取甲、乙抗氧剂至混合器中,均匀混合后通过注浆管路输送至施工区域作业点。具体阻化封堵材料注浆工艺步骤如下。

①注浆钻孔施工选用 MK-4 型钻机,按照图 5-3 与 5-4 所示的注浆孔布设方案施工相应的加固封堵与阻化封堵注浆孔。

②采用 4 分管注 PD(由中国矿业大学和徐州博安科技发展有限责任公司共同开发的一种新型封孔材料)材料封孔,孔口采用干海带或棉纱堵孔。

③在煤矿井下完成注浆系统组建工作,并按照图 5-6 所示的阻化封堵材料制备流程制备出相应的混合浆液。

④待制浆完毕后开始进行注浆工作,注浆过程中应遵循先注短注浆孔再注长注浆孔的原则,因为若先注长注浆孔容易跑浆导致短注浆孔堵塞。

⑤为保障注浆的均匀性,每个注浆孔的孔底均布置三根长 1.5 m 的花管,其中,第一节花管布置 6 个出浆孔,第二节花管布置 4 个出浆孔,第三节花管布置 2 个出浆孔。

⑥新施工的注浆孔进行注浆工作时,应持续注浆直至该注浆孔被注满,若注浆工作不持续有间隔,容易造成堵孔。

二、封孔工艺

无论是小煤柱加固封堵注浆孔还是邻近老空区阻化封堵注浆孔施工过程中,势必会导致钻孔周围产生大量新生裂隙,如若这些裂隙未得到有效封堵,则会大幅降低注浆堵漏效果,甚至会增大局部地区漏风量,加剧邻近老空区遗煤自燃。因此,选用合适有效的封孔技术对于保证阻化封堵材料的封堵质量是非常必要的。

工程应用时选用基于 PD 封孔材料的两堵一注式封孔工艺对注浆孔周围裂隙进行封堵,整个封孔过程主要分为堵孔与封孔两个部分。堵孔材料为膨博封孔袋(内含聚氨酯),封孔材料为 PD 材料。无论是封孔材料还是封孔工艺都成熟可靠,且成本低廉,适合大规模工业化使用。

1. 堵孔方案

(1)在注浆管两端用麻绳分别绑上若干个膨博封孔袋,封孔袋具体数量由注浆管与注浆孔之间缝隙的大小确定。

(2)依照封孔袋说明书标示,将封孔袋沿折叠线折叠,然后握住封孔袋并用力挤压两侧囊袋中的 A 与 B 液,使得两种液体在中间位置汇合反应,反复摇晃封孔袋以达到均匀混合的目的。

(3)A 与 B 液混合后会剧烈反应,导致体积急剧增大,因此,需要在最短时间内将绑有封孔袋的注浆管插入注浆孔中,直至注浆管末端的封孔袋完全进入注浆孔为止。

2. 封孔方案

(1)在向注浆管与注浆孔之间裂隙注入 PD 材料之前,需要大体估算封孔所需的浆液体积,其计算公式如式(5-2)所示:

$$V = \pi \left[\left(\frac{d_1}{2} \right)^2 - \left(\frac{d_2}{2} \right)^2 \right] \times h \tag{5-2}$$

式中:d_1 为注浆孔孔径,d_2 为注浆管直径,h 为注浆孔长度。

(2)PD 材料与水混合后浆液密度大约为 2 kg/L,依照前期计算得到的浆液体积反演出所需 PD 材料的质量,然后称量出相应质量的 PD 材料与水均匀混合,制备出封孔材料浆液。

(3)待封孔袋反应膨胀且凝固完毕后,将预先插入的封孔材料注浆软管与注浆泵相连,启动注浆泵开始注入 PD 材料浆液。

(4)待回浆管中有浆液开始流出后,将回浆管折叠密闭,观察气泵压力,当压力值稳定不变时停止注浆。

注浆孔封孔示意图如图 5-8 所示。

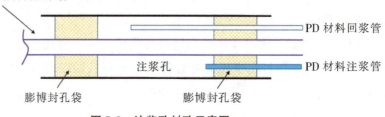

图 5-8　注浆孔封孔示意图

第三节　封堵与阻化效果考察

一、封堵与阻化效果考察指标与方法

依据前期对小煤柱不同区段裂隙发育程度与漏风量现场测量数据以及数值模拟可知,小煤柱中间区段(距开切眼 800~900 m)受采动应力扰动频次最多,裂隙发育程度与漏风量也最大。因此,选择此区段作为阻化封堵材料工业试验区域,首先依照第二节中材料制备与注浆流程向此区段小煤柱以及邻近老空区裂隙带内注入阻化封堵材料浆液,然后在压差、温度以及 O_2 与 CO 浓度四个方面对阻化封堵效果进行考察。

为了实时方便快捷地采集注浆区段的压差、温度以及 CO 浓度等参数,需要在注浆区段小煤柱内施工 3 个监测钻孔,监测钻孔在注浆区段的位置如图 5-9 所示。由图可知,监测钻孔两两间距为 25 m,且两侧检测钻孔与注浆区段边缘的距离也为 25 m。

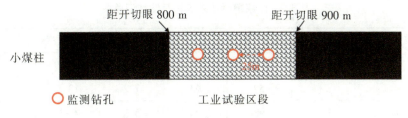

图 5-9　监测钻孔布置位置示意图

与注浆孔一样,监测钻孔采用 PD 材料进行封孔,整个监测系统包含压差监测模块、温度监测模块以及取气分析模块(如图 5-10 所示),其中温度与压差可通过悬挂在监测钻孔附近的温度示数表与 U 形压差计实时读取,O_2 与 CO 浓度则需要采集气样后运送至井上实验室通过气相色谱仪分析测量。

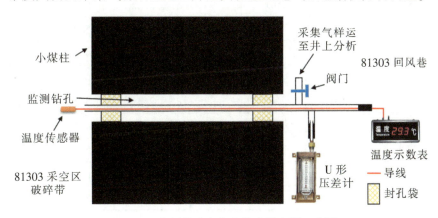

图 5-10　监测钻孔内各个传感器布置示意图

二、封堵性能考察

本小节主要通过注浆前后 81303 回风巷与邻近老空区间压差以及邻近老空区内的 O_2 浓度来考察阻化封堵材料的封堵性能。通常而言,材料的封堵效果越好,裂隙被填充程度越高,小煤柱两端压差也越大;同样,材料的封堵效果越好,巷道通过小煤柱裂隙向邻近老空区漏风量也越小,邻近老空区 O_2 浓度也越低。

将注浆前(时间为 0 d)与注浆后两周内通过监测系统采集得到的压差与 O_2 浓度数据汇总,如表 5-2 所示。

表5-2　注浆前后压差与氧气浓度汇总表

注浆后时间	压差/Pa			O₂ 浓度/%		
/d	1 号	2 号	3 号	1 号	2 号	3 号
0	71	59	63	7.2	13.5	10.4
1	113	98	94	5.5	8.3	6.9
2	125	102	101	4.9	7.1	5.4
3	119	105	99	3.5	6.2	5.1
4	116	103	100	3.2	6.5	4.6
5	117	104	97	2.9	6.1	4.1
6	114	101	95	2.2	5.5	3.7
7	115	100	94	2.4	5.7	4.5
8	110	101	94	2.7	4.2	3.9
9	112	99	96	2.3	6.1	3.6
10	109	97	92	2.3	5.3	3.6
11	116	98	91	2.5	5.4	3.8
12	110	98	90	2.3	5.7	4
13	107	94	90	2.2	5.8	3.6
14	106	95	88	2.1	5.5	3.5

1. 注浆前后内外压差变化

将注浆前后各个监测钻孔采集得到的压差数据作图,如图5-11所示。由图可知,注浆区段小煤柱及邻近老空区完成注浆工作后,施工巷道与邻近老空区间压差随时间的增加,整体呈现出先急剧增加后缓慢增加再保持平稳的趋势。分析可知,阻化封堵材料浆液注入小煤柱及邻近老空区煤体裂隙中后,短时间内迅速结晶凝固,有效封堵裂隙减少漏风,使得压差有较为显著的增加;同时,随着阻化封堵材料浆液不断反应凝结,裂隙封堵效果也有进一步的提升,宏观表现为压差值有了小幅度增大;随着阻化封堵材料浆液凝结完成,材料封堵效果达到最大,压差值也增长至最大值,随后压差值变化幅度趋于平缓,基本保持不变或小幅降低。

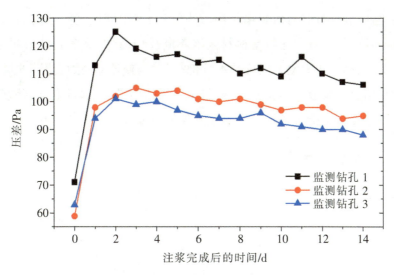

图 5-11 注浆后压差演变趋势

2. 注浆前后 O_2 浓度变化

将注浆前后各个监测钻孔采集得到的 O_2 浓度数据作图,如图 5-12 所示。由图可知,注浆区段小煤柱及邻近老空区完成注浆工作后,邻近老空区内部 O_2 浓度随时间的增加,整体呈现出先急剧减小后缓慢减小再保持平稳的趋势。分析可知,阻化封堵材料浆液注入小煤柱及邻近老空区煤体裂隙中后,短

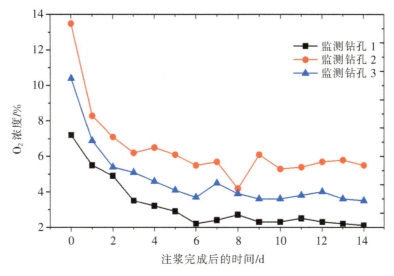

图 5-12 注浆后 O_2 浓度演变趋势

时间内迅速结晶凝固，有效封堵裂隙减少漏风，使得邻近老空区内部 O_2 浓度显著减小；同时，随着阻化封堵材料浆液不断反应凝结，裂隙封堵效果也有进一步的提升，结合煤氧复合反应消耗掉部分氧气，使得 O_2 浓度进一步减小；随着阻化封堵材料浆液凝结完成，材料封堵效果达到最大，邻近老空区氧气供给与消耗基本保持平衡，使得 O_2 浓度基本保持不变。

三、阻化性能考察

本小节主要通过注浆前后邻近老空区间内部温度以及 CO 浓度来考察阻化封堵材料的阻化性能。通常而言，材料的阻化效果越好，抑制破碎煤体氧化升温幅度越大，邻近老空区内部温度也越低；同样，材料的阻化效果越好，抑制破碎煤体煤氧复合反应程度越大，邻近老空区内部 CO 浓度也越低。

将注浆前(时间为 0 d)与注浆后两周内通过监测系统采集得到的温度与 CO 浓度数据汇总，如表 5-3 所示。

表 5-3　注浆前后温度与 CO 浓度数据汇总表

注浆后时间 /d	温度/℃			CO 浓度/%		
	1 号	2 号	3 号	1 号	2 号	3 号
0	21.6	22.8	23	7	19	15
1	20	19.9	20.4	3	6	7
2	20	20.1	20.3	0	5	8
3	20.3	20.4	20.5	1	3	7
4	20.5	20.6	20.8	0	0	6
5	20.6	20.5	20.6	0	0	8
6	20.5	20.6	20.5	2	2	5
7	20.7	20.3	20.6	0	3	6
8	20.4	20.6	20.6	0	0	4
9	20.4	20.5	20.7	0	0	3
10	20.6	20.8	20.9	0	2	6
11	20.5	20.6	20.8	1	0	4
12	20.3	20.7	20.6	0	1	5

注浆后时间	温度/℃			CO 浓度/%		
/d	1 号	2 号	3 号	1 号	2 号	3 号
13	20.4	20.5	20.5	0	0	2
14	20.6	20.6	20.7	0	2	5

1. 注浆前后温度变化

将注浆前后各个监测钻孔采集得到的温度数据作图,如图 5-13 所示。由图可知,注浆区段小煤柱及邻近老空区完成注浆工作后,邻近老空区内部温度随时间的增加,整体呈现出先急剧降低后缓慢升高再保持平稳的趋势。分析可知,阻化封堵材料浆液注入小煤柱及邻近老空区破碎煤体中后,短时间内迅速结晶凝固包覆煤体,抑制破碎煤体氧化升温并带走大量热量,使得邻近老空区内部温度显著降低,由于浆液灌注量较大,此时监测钻孔测量得到的温度基本为浆液温度;随着时间的增加,由于浆液温度低于邻近老空区内部环境温度,注入浆液的破碎煤体开始吸收环境中的热量,缓慢升温;待破碎煤体升温至环境温度后,不再吸收环境中的热量,温度变化幅度趋于平稳,增长趋势不明显,表明阻化封堵材料具有长效抑制破碎煤体氧化升温的性能。

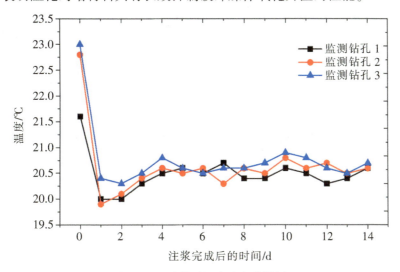

图 5-13　注浆后温度演变趋势图

2. 注浆前后 CO 浓度变化

将注浆前后各个监测钻孔采集得到的 CO 浓度数据作图,如图 5-14 所示。由图可知,注浆区段小煤柱及邻近老空区完成注浆工作后,邻近老空区内部 CO 浓度随时间的增加,整体呈现出先急剧降低后基本保持平稳的趋势。分析可知,阻化封堵材料浆液注入小煤柱及邻近老空区破碎煤体中后,短时间内迅速结晶凝固包覆煤体,隔绝煤氧接触,使得邻近老空区内部 CO 浓度显著降低;由于阻化封堵材料优异的封堵性能,导致邻近老空区 O_2 浓度长期处于较低水平,结合阻化封堵材料具有的物理以及化学阻化特性,使得破碎煤体煤氧复合反应也处于较低水平,最终表现为 CO 浓度较低,表明阻化封堵材料具有长效抑制破碎煤体煤氧复合反应的性能。

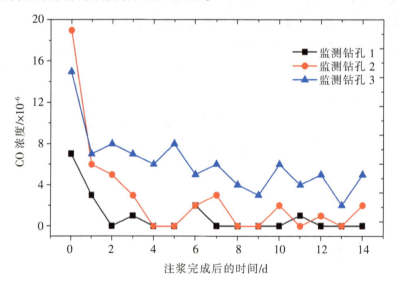

图 5-14　注浆后 CO 浓度演变趋势

第四节　本章小结

本章以华阳一矿 81303 小煤柱工作面为试验背景,向处于中间区段的小煤柱及邻近老空区破碎煤体注入阻化封堵材料浆液,并分别从封堵与阻化两个层面对阻化封堵材料进行考察,主要结论如下。

(1)为了解决破碎小煤柱持续漏风诱发瓦斯与煤自燃复合灾害的问题,提出了向小煤柱及邻近老空区破碎煤体灌注阻化封堵材料的技术方案,利用阻化封堵材料优异的封堵性能和阻化性能来减少小煤柱两侧气体交换以及抑制破碎煤体氧化,以达到减少瓦斯与煤自燃复合灾害的目的。

(2)阻化封堵材料浆液注入小煤柱及邻近老空区煤体裂隙中后,短时间内迅速结晶凝固,有效封堵裂隙减少漏风,使得压差显著增加,O_2 浓度显著降低;同时,随着阻化封堵材料浆液不断反应凝结,裂隙封堵效果也有进一步的提升,宏观表现为压差小幅度增大而 O_2 浓度进一步降低;随着阻化封堵材料浆液凝结完成,材料封堵效果达到最大,压差也增长至最大值,O_2 浓度降低至最小值,随后两者变化幅度趋于平缓,基本保持不变。

(3)阻化封堵材料浆液注入小煤柱及邻近老空区煤体裂隙中后,短时间内迅速结晶凝固并包覆在破碎煤体表面,隔绝煤氧接触,同时浆液包含大量水分,能够吸收大量高温煤体中的热量,导致煤体与环境温度显著降低;阻化封堵材料同时具有对煤自燃的物理与化学阻化效果,使其能长效抑制破碎煤体煤氧复合反应的进行,结合其优异的封堵性能产生的低氧环境,最终使得邻近老空区内破碎煤体自燃进程长期处于初始阶段,基本不具备发火危险性。

第六章　防治煤炭自燃实用技术

第一节　堵漏与均压防灭火

在矿井通风系统中,无论是在巷道,还是在工作面以及采空区、火区,只要风路两端间存在压差,空气就要流动,从高位能流向低位能,其漏风量为

$$Q_l = \sqrt[n]{\frac{\Delta h}{R_l}} \qquad\qquad (6\text{-}1)$$

式中:Q_l——漏风风路的漏风量,m／s;

R_l——漏风风路的风阻,N·m²／s⁸;

Δh——漏风风路起点与终点压差,Pa;

n——流态指数,层流状态下取 $n=1$;紊流状态下取 $n=2$;过渡态 n 值位于 1 和 2 之间。

从上式可以看出,要杜绝或减少漏风量,即使 $Q_l \to 0$,有两个方法:一是使漏风通道的风阻越大越好,即 $R_l \to +\infty$,才能控制煤的自燃;二是使漏风通道两端的压差越小越好,即 $\Delta h \to 0$。堵漏是前一种方法的应用,而均压则是后者的应用。堵漏是采用一些材料将一些漏风通道进行封堵,增加漏风风阻使漏风程度达到最小;均压则是采用某些调节措施,改变通风系统内的压力分布,降低漏风通道两端的压差,减少漏风或不漏风。

一、封堵漏风

在煤炭氧化过程的热平衡关系中,漏风起两个方面的作用:一是向煤提供

氧化所必需的氧气;二是带走氧化生成的热量。一般漏风量较小,主要起到前者的作用,故漏风是造成煤炭自燃最为关键的影响因素。测定漏风在于找出漏风通道和漏风规律,堵漏则是防止煤炭自燃的重要手段。

1. 漏风测定

一般采用示踪技术探测漏风通道和漏风量。所谓示踪技术,就是选择具有一定特性的气体作标志气体。利用风流或漏风作载气,在能位较高的漏风源释放,在其可能出现的漏风汇采集气样,分析气体,确定标志气体的流动轨迹,判断漏风通道,根据标志气体浓度变化计算风量或漏风量。目前,通常采用六氟化硫(SF_6)作为示踪气体来检测井下漏风通道和漏风量。1974 年,美国首次采用这一技术检测井下漏风,近些年我国也广泛应用这一技术来检测工作面漏风和矿井外部漏风,证明它是一种测矿井漏风有效的方法。

SF_6 无色、无味,是不燃惰性气体。它的物理活性大,在扰动的空气中可以迅速混合而均匀地分布在检测空间内。这种气体不溶于水,无沉降,不凝结,不为井下物料表面所吸附,不与碱起作用,是一种良好的负电性气体。SF_6 的检出灵敏度高,使用带电子捕获器的气相色谱仪或 SF_6 检漏仪均可有效地检出(检测精度可达 $8×10^{-12}$)。另外,SF_6 在大气与矿井环境中的本原含量极低,约为 $10^{-14}\sim10^{-15}$ g/mL。SF_6 的这些性质,使得人们可以方便、准确地应用它进行矿井漏风检测。因此,SF_6 是一种理想的示综气体。

根据漏风检测目的的不同,SF_6 示踪技术测定井巷漏风又分瞬时释放 SF_6 和连续稳定释放 SF_6 两种检漏法。

1)瞬时释放法

瞬时释放法是指在漏风通路的主要进风口瞬时释放一定量的 SF_6 气体,然后在几个预先估计的漏风通路出口采取气样,通过分析气样中是否含有 SF_6 以及 SF_6 的浓度大小来具体确定漏风通道和漏风量。例如,为检测图 6-1 所示联络巷的漏风情况,在联络巷前(岩石平巷中)A 处释放 SF_6,而在工作面进风侧 B 处和回风侧(回风平巷中)C 处采取气样,如图 6-1 所示。

测定方法与步骤:

(1)首先根据矿井通风系统图分析可能的漏风通道、漏风源、漏风出口;

(2)在地面将 SF_6 气体装入球胆,带往选定的漏风源处释放 SF_6 气体;

（3）在漏风出口每隔一定时间用球胆或 15 mL 的医用针管采集气样；

（4）将采集的气样送实验室分析，测定 SF_6 浓度。测定的仪器为气相色谱仪，配有电子捕获检测器，以及 2 m 长的 5 Å（1 Å＝0.1 nm）分子筛色谱柱；

（5）根据气样分析结果确定漏风状况。

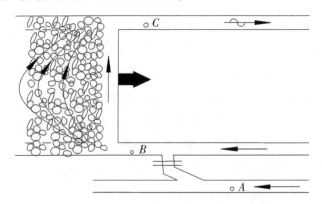

图 6-1　SF_6 瞬时释放法释放方式示意图

主要技术要点：

① 准确把握第一次采样时间。在综合考虑 SF_6 的释放地点与采样地点的距离、漏风风流的速度和 SF_6 的扩散速度等因素的基础上，确定第一次采样时间。一般讲，小范围的漏风区域可在放样 5 min 以后开始采样，大范围的漏风区域不应超过 30 min。

② 合理安排采样间隔时间。同一采样地点需多次采取气样，两次采样的时间间隔初期可取 5~10 min，后期可以长一些。一般讲，同一采样点采样 10 次左右就足以检测出 SF_6 的最高浓度点。

③ 及时分析样品。样品中 SF_6 的浓度随采样时间的增长而降低，所以采集到气样后应立即进行气样分析，最迟不能超过 24 h。

④ 保证地面分析测试环境空气清洁。开展测试工作前要先对分析仪器的环境进行通风，确保该环境内不得含有 SF_6。灌装 SF_6 的压气瓶一定不能与分析仪器放置在同一室内。

例：神华神东煤炭分公司补连塔煤矿煤层埋藏较浅，在回采工作面上方的地表出现裂缝，成为可能的漏风通道。为了确认是否有风流从地面漏入采空区，确定采用 SF_6 瞬时释放技术对补连塔煤矿进行地面漏风测定。

补连塔矿 3202 工作面是正在回采的工作面，3201 工作面是已封闭的工作面。分别在这两个工作面对应的地表裂隙处释放 SF_6，并在 3202 工作面回风隅角和 3201 工作面回撤通道采集气样。气样采集时间、气样分析结果如表 6-1、表 6-2 所示。

表 6-1　神东补连塔矿 3202 工作面地面漏风测定情况表

SF_6 释放时间	采样地点	采样时间	SF_6 浓度（×10⁻⁶）	漏风速度
9:15	3202 工作面回风隅角（此处基岩厚度 120 m，表土 10 m）	9:30	0.056	3.1~8.7 m/min
		9:44	0.076	
		9:57	0.028	
		10:15	0	
		10:28	0	
		10:44	0	
		10:57	0	
		11:15	0	
		11:30	0	

表 6-2　神东补连塔矿 3201 工作面地面漏风测定情况表

SF_6 释放时间	采样地点	采样时间	SF_6 浓度（×10⁻⁶）	漏风速度
9:50	3201 工作面回撤通道（此处基岩厚度 70 m，表土 10 m）	10:00	0.075	2.0~8.0 m/min
		10:15	0.166	
		10:30	0.067	
		10:45	0	
		11:15	0	
		11:30	0	
		11:45	0	
		12:00	0	
		12:15	0	
		12:30	0	

通过漏风测定,证实了补连塔煤矿确实存在地面漏风。据此,神东公司制订了对这些矿井的地表裂隙进行填埋处理的堵漏措施并认真落实,对地表漏风的治理取得了良好的效果。

2)连续稳定释放法

SF_6 瞬时释放法简单,易于实施,但不能用于漏风量的定量测定。漏风风量的定量测定需采用 SF_6 示踪气体连续定量释放的漏风测定技术。

连续定量释放 SF_6 测定漏风的原理为:在需要检测的井巷风流中连续、定量、稳定地释放 SF_6 示踪气体,然后顺着风流方向,沿途布点采取气样分析 SF_6 气体的浓度变化。如果沿途不漏风或者向外漏风,则沿途各点风流中的 SF_6 浓度保持不变;如果沿途向内漏风,则沿途各点风流中的 SF_6 浓度变化呈下降趋势。通过对采样点的 SF_6 浓度变化的分析,即可求得漏风量,从而找出漏风规律。

如图 6-2 所示,设在 R 处释放 SF_6 气体,在 S 点处采取气样。若 SF_6 的释放流量为 q mL/min,该气样经分析后的 SF_6 浓度为 c,则通过该采样点处巷道断面的风量 $Q(\text{m}^3/\text{min})$ 可表示为

$$Q = 1\ 000 \times \frac{q}{c} \qquad (6\text{-}2)$$

图 6-2 SF_6 连续定量测定漏风原理简图

据式(6-2),通过多点采集气样的方式即可得出流经这些采样点处巷道断面的风量,风量之差即为巷道对应区间的漏风量。该方法的特点是不需测定巷道断面就可较准确地测出风量,而一般在工作面,由于巷道断面大,机电设备多,尤其是在运输机巷道,断面很难测准。

连续稳定释放方法关键是要有一套能连续、稳定、定量释放 SF_6 的装置。该装置必须有很高的可靠性,保证释放流量稳定在某一设定值,且能灵活地调节释放量。如图 6-3 所示为中国矿业大学设计制作的 SF_6 示踪气体连续释放装置。该系统由示踪气体钢瓶 1、减压阀 2、稳压阀 3、稳流阀 4 及流量计 5 等

组成。释放系统经过二级稳压、一级稳流,保证释放 SF_6 气体的流量稳定、连续可调。该装置 SF_6 的流量范围为 $20 \sim 200$ mL/min。

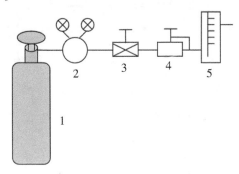

图 6-3 连续稳定释放装置

图 6-4 为采用连续稳定释放 SF_6 示踪气体对枣庄柴里煤矿 2340(3)采煤工作面停采线及上分层采空区进行漏风测定的示意图[173]。2340(3)工作面是一个第三分层高档普采工作面,工作面倾向长度 140 m,走向长度 282 m,测定时距设计停采线 215 m。释放量 q 为 15 mL/min,释放点 R 及采样点 $S_1, S_2, \cdots, S_n$ 布置如图 6-4 所示。稳定释放 20 min 后开始取样,取样后及时交地面化验室分析,分析结果见表 6-3。

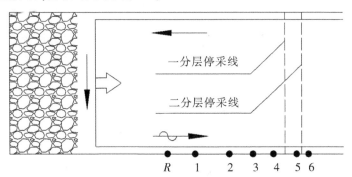

图 6-4 漏风检测示意图

表 6-3 各测点 SF_6 浓度表

测点	1	2	3	4	5	6
SF_6 浓度(1×10^{-6})	3.45	3.40	3.34	3.33	3.26	2.11

漏风量、漏风率分别根据式(6-3)、式(6-4)计算[174]，计算结果见表6-4。

$$\Delta Q_i = \frac{q(c_{i+1} - c_i)}{c_i c_{i+1}} \tag{6-3}$$

$$\alpha_i = \frac{c_{i+1} - c_i}{c_{i+1}} \tag{6-4}$$

式中：q——SF_6 气体的释放量，m^3/min；

α_i——巷道 i 段的漏风率，%；

ΔQ_i——巷道中第 i 段的漏风量，m^3/min；

c_i、c_{i+1}——分别为各点的 SF_6 气体浓度，%。

表6-4 测定结果记录表

测段	1~2	2~3	3~4	4~5	5~6	1~6
距离/m	40	20	21	27	10	118
漏风量/(m^3/min)	6.4	7.9	1.4	9.2	251.3	276.5
漏风率/%	1.47	1.79	0.311	2.04	54.67	63.59

测试说明 2340(3) 工作面总漏风量为 276.5 m^3/min，工作面的有效风量率仅为 36.41%，漏风情况相当严重；其中，第二分层停采线处的漏风量占全部漏风量的 90% 以上，测点 5 和测点 6 之间的巷道将是堵漏工作的重点区域。

2. 堵漏措施

根据漏风定律，漏风量随漏风风路两端风压差的增大而增大，随漏风风阻的增大而减小。因此，为了减少漏风，应该从降低风压差和增大风阻两方面着手采取措施。

在风门、通风巷道表面、巷道壁和煤柱等地方，为了增加风阻，减少漏风量，需要修建很多各种各样的密封设施。这些密封措施可能是建在煤壁等的外表面，也可能是喷注浆液材料到压实区或者充填区。密封材料一般采用树脂和凝胶，具有低渗透性和一定的塑性，选择的密封材料一定要能够快速密封并且易于在本地获取。

混凝土灰浆和石膏灰浆能较容易喷洒在通风巷道表面并且密封效果较好,常用来填实两密闭墙之间的区域。用尾矿或者其他材料制成的水泥浆同样可以用来填充或者注入火区。这些材料可以通过在矿井井下打孔注入,也可以在矿井地面上钻孔进行灌注。另外,在煤柱中注入凝胶也已经证明对防灭火是有效果的。

将通往火区的漏风通道进行密封,特别对那些进风侧或者高风压的漏风通道进行封闭将非常有利于灭火。同时积极采用通风管理技术对火区进行均压,尽量使漏风量接近为零。

无煤柱开采时防止漏风的主要技术措施有[175]:

1)沿空巷道挂帘布

在沿空巷道中挂帘布是一种简单易行的防止漏风技术,在国内外已经获得较广泛的应用,并取得了良好效果。帘布采用耐热、抗静电和不透气的废胶质(塑料)风筒布。其铺设方法有两种:一是在使用木垛维护巷道时,在木垛壁面与巷道支架的背面之间铺设风筒布(图 6-5);二是使用密集支柱维护巷道时,将风筒布铺设在密集支柱上(图 6-6)。

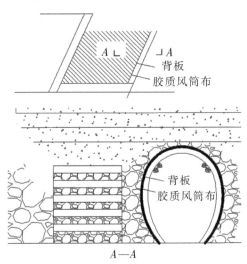

图 6-5　沿空巷道挂帘布堵漏风

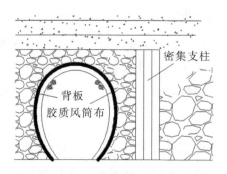

图 6-6　密集支柱胶质风筒布的铺放

2)利用飞灰充填带隔绝采空区

飞灰是火力发电厂在烟道中排出的尘埃。日本、波兰、美国除将飞灰广泛用作防止防火墙漏风的充填材料外,还将它作为防止采空区周壁漏风的充填隔离带材料。波兰把飞灰充入木垛内形成隔墙,或者先在沿空巷道的支架表面喷涂一层水泥白灰浆,待其固化后,打眼插上注灰管压注飞灰,最后在巷道表面喷涂含灰砂浆。

3)利用水沙充填堵漏

水沙充填主要用于联络巷闭内、终采线等地点的堵漏[176]。

(1)联络巷闭内水沙充填堵漏防火。工作面推过联络巷以前,先于联络巷下端适当位置打上密闭,并在密闭上部及下部各留一泄水孔,上孔断面为 0.5 m×0.5 m,下孔为 0.3 m×0.3 m,两孔均用荆笆等材料封住,以挡沙泄水,从巷道中接管注沙。

(2)终采线端头水沙充填堵漏。工作面停采以后,在终采线以外进、回风巷道的适当位置建密闭,密闭上留孔设荆笆,引管进行水沙充填。

4)喷涂塑料泡沫防止漏风

将在常温下能够凝固的塑料泡沫喷涂到防火墙和巷道劈上,形成厚度为 20~30 mm 的泡沫塑料层。俄罗斯研制的脲醛塑料泡沫对煤、岩石、木材、金属和其他材料都能很好胶结,在地压发生变动时仍能保持隔绝性能;我国研制的矿用聚氨酯泡沫,可在极短时间(3~5 s)喷射发泡而凝固,具有难燃、抗静电、耐压、不透气的优良特性。

一种目前国内较广泛使用的罗克休矿用堵漏材料,也是树脂泡沫聚合材料,其生产及压注工艺如图6-7所示。通过高压风驱动多功能气泵,将树脂和催化剂吸入泵中,同时压入注射枪,两种液体经过注射枪加压以4:1的体积比相混合、发泡,注入要堵漏的地点,瞬间发泡到原体积的25~30倍。使用井下动力源,输出压力可达17 MPa。该材料具有良好的机械抗压性能,对于封堵煤层裂隙效果显著。

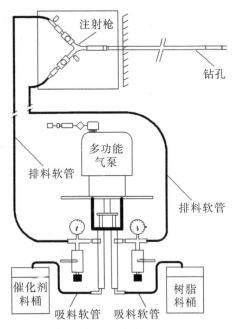

图6-7 矿用罗克休堵漏材料压注工艺[177]

5)利用可塑性胶泥堵塞漏风

英国利用螺杆式泵将一种半塑性不凝固的胶泥压入采空区矸石堆的缝隙中,形成4 m宽的隔绝矸石墙。这种隔离带在巷道来压时,随着巷道的变形而变形,不会形成新的裂隙。

6)采取"均压"措施,减少漏风

国内外普遍采用调节风压法("均压"措施)防止采空区的漏风,方法简单,效果显著,其原理与具体做法详见后述。

二、均压防灭火

均压防灭火就是采用风窗、风机、连通管、调压气室等调压手段,改变通风系统内的压力分布,降低漏风通道两端的压差,减少漏风,从而达到抑制和熄灭火势的目的。均压技术是在 20 世纪 50 年代由波兰汉·贝斯特朗(H·Bystron)教授首先提出。开始主要用于加速封闭火区的熄灭,在扑灭了几个长久不灭的大火区之后,该技术受到重视。60 年代一些采煤技术发达的国家竞相采用,并多次获得成功。同期,我国也在淮南、辽源、开滦等矿区试用这一防灭火新技术。后来,在徐州、阜新、抚顺、平庄、六枝、芙蓉、大同、鹤岗等矿区逐渐推广。在推广中都有所创新,用于封闭区的均压可防止遗煤自然发火和加速火灾熄灭,用于开区的均压可以抑制工作面后部采空区遗煤自燃的发展,并可消除火灾气体的威胁。均压作为一种"以风治火"的技术,方法简单,成本最低,控制火势的发展常常立竿见影,深受现场欢迎。

根据煤矿井下实施均压技术的区域是否封闭,均压技术可分为开区均压和闭区均压两种类型。

1. 开区均压

开区均压通常是指在生产工作面建立的均压系统,其特点是在保证工作面所需通风量的条件下,通过实施通风调节,尽量减少向采空区漏风,抑制煤的自燃,防止一氧化碳等有毒有害气体涌入工作面,从而保证正常生产的进行。漏风通道和工作面周围的通道可以形成多种风流流动方式(如并联、角联和复杂联等),开区均压也有几种不同类型。

1)调节风窗均压

适用于工作面采空区内形成的并联漏风方式。通常在工作面的回风巷内安设调节风窗,使工作面内的风流压力提高,以降低工作面与采空区的压差,从而减少采空区中气体涌出。适用于采空区内已有自燃迹象,并抑制采空区中的火灾气体(一氧化碳等)涌到工作面,威胁工作面的安全生产。安设调节风窗后,通风巷道的压力如图 6-8 所示。

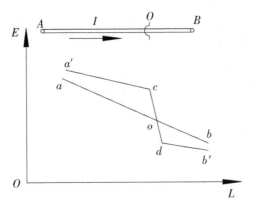

图 6-8 安设调节风门的巷道中的压力分布

如图 6-9 所示,当在回风巷内 3-4 间安设调节风窗 A 以后,风窗前的压力升高,采空区与工作面的压差就降低,采空区内的气体就不易涌出。其降低值取决于可调节风门的风阻大小。使用此种方式进行均压时,应注意工作面风量满足《规程》的要求。

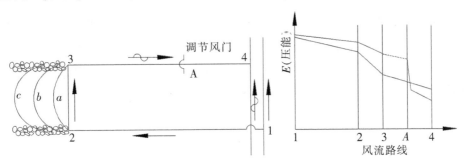

图 6-9 调节风门均压

2)局部通风机均压

有时为提高风路的压力,需在风路上安设带风门的风机(即辅助通风机),利用风机产生的增风作用,改变风路上的压力分布,达到均压的目的。如图 6-10 所示。

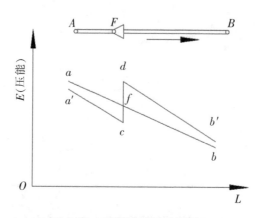

图 6-10　局部通风机调压原理

3）调节风窗与局部通风机联合均压

工作面采空区内部的漏风通道有时是比较复杂的，当相邻为采空区时，还有外部漏风，这些漏风最后都要经回采工作面上隅角排出。因此，采空区的自燃征兆往往是从上隅角表现出来的。

调节风门与扇风机联合均压常常采用工作面进风巷安设辅助通风机而回风巷安设调节风门的联合均压措施，如图 6-11 所示。其中，C 处安设了辅助通风机，能够有效增加该点至 D 点之间的风压；而 D 处安设了调节风门，使通风阻力增大，该点之后风压明显减少。这样能够提高 C、D 两点之间的风压，同时又能降低二者之间的压差，可有效避免漏风进入工作面，为回采提供了安全保障。

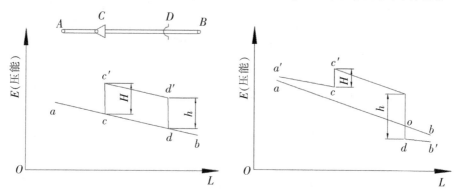

图 6-11　风窗-风机联合增压调节

枣庄柴里矿 2342 综放工作面采空区与 2343 采空区连为一体，采空区漏风压差较大，漏风通道较畅通。为使整个采空区处于均压状态，抑制火灾气体涌入 2342 综放工作面,阻断向采空区的漏风供氧,该矿决定采取综放工作面升压措施,均衡采空区主要漏风通道两端的风压。即在 2342 综放工作面采用风门与局部通风机联合的均压方法。在回风胶带运输机道建两道调节风门,在进风材料道建两道风门并安装了局部通风机向综放工作面压风。此时,综放工作面进风量为 568 m^3/min,空气压力提高了 200 Pa,具体布置如图 6-12 所示。该方法保证了工作面的安全回采。

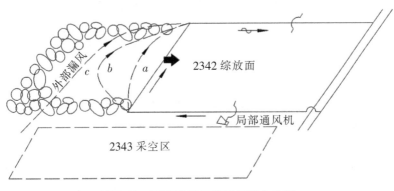

图 6-12　调节风门与通风机联合均压

2. 闭区均压

所谓闭区均压,就是对已经封闭的区域进行均压,它一方面可以防止封闭区中的煤炭自燃,另一方面可加速封闭火区的熄灭速度。常用的闭区均压技术措施有并联风路与调节风门联合均压,调压风机与调节风门联合均压,连通管均压等。

1)并联风路与调节风门联合均压

如图 6-13(a)所示,封闭区(F)进回风口 5、8 两点的压差过大,如压能图 6-13(b)所示,漏风严重,以致有自然发火的危险。为了控制漏风,采取了两项措施,如图 6-14(a)所示,取消了 5—8 上山内的两道密闭,使之成为与封闭区漏风并联的通道;同时在 8—9 区段内构筑调节风门 4,将通过 3—4 上山的风量限制在最小的范围之内。如压能图 6-14(b)所示,闭区进回风口 5、8 两点压差显著减小,漏风量降低,这样就消除了封闭区自然发火的危险。如果封闭的是个火区,当然也会加速火的熄灭。

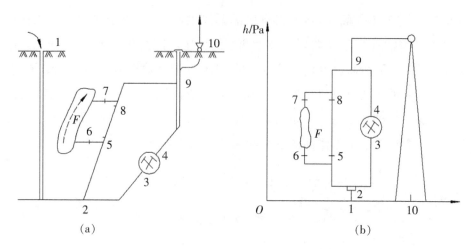

图 6-13　封闭区漏风及其压能示意图

（a）5、8 两点压差大造成封闭采空区（F）内漏风严重；（b）封闭区（F）压能图

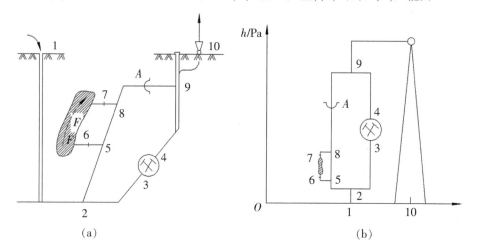

图 6-14　并联风路与调节风门联合均压图

（a）采取均压措施后 6、7 两点压差减小，封闭的采空区（F）漏风减少；

（b）采取均压措施后，封闭区（F）的压能图

2）调压风机与调节风门联合均压

如图 6-14 所示，当上山 5—8 区段的风量不允许控制时，为实现对封闭的采空区（F）进行均压，可在封闭区的两端进回风口采取调压风机与调节风门联合组成均压硐室［图 6-15（a）］的方法。启动通风机后，调节风门窗口的大小以消除原有密闭墙内外的压差，从而阻止了通过密闭墙的漏风。密闭内外

压力的均衡,可由安设于调节风门之外的"U"形水柱计显示。这里应当注意,封闭区两侧的均压硐室是有区别的:进风侧是负压硐室,调压通风机抽出式工作[图6-15(b)];回风侧是正压硐室,调压风机按压入式工作[图6-15(c)]。图6-14是双侧均压,其实也可以构筑单侧均压硐室。这种均压方式用于已经封闭的火区,限于条件,无其他适当的均压方法时才考虑使用,因为通风机运行消耗电能,经济上很不合理。另外,一旦发生故障,通风机停止运行,均压作用消失,措施的可靠性较差。封闭区(F)的压能图与图6-14(b)完全相同。如果单独采用负压均压硐室,其压能图如图6-15(d)所示。单独采用正压均压硐室,其压能图如图6-15(e)所示。

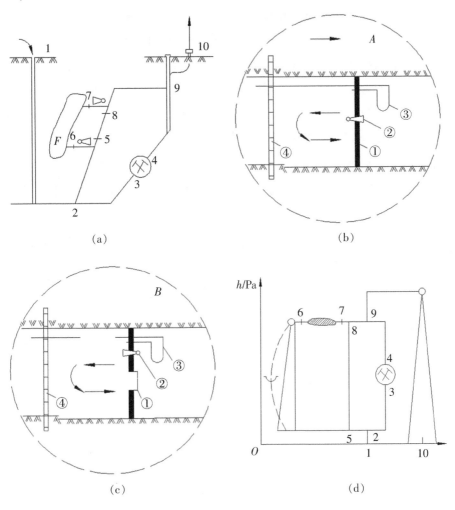

(a)

(b)

(c)

(d)

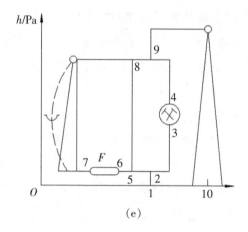

(e)

①—调节风窗；②—均压风机；③—水柱计。

图6-15　调压风机与调节风门联合均压图

(a)在封闭区的进回风侧建立均压硐室 A 与 B；(b)负压均压硐室；

(c)正压均压硐室；(d)负压均压硐室压能图；(e)正压均压硐室压能图

3)连通管均压

如图6-16(a)所示，在可能发生煤炭自燃的封闭区(F)的回风侧密闭外面，再加筑一道密闭墙。然后，穿过外部密闭墙安设直径为 $300\sim500$ mm 的金属管路(1′、2′)直通地面。在管路上安设调节阀门，或者在外部密闭墙上构筑风窗调节孔，以控制通过连接管的风量。使其阻力 h_{1-2} 与进风 1-2-5 区段的阻力(h_{1-5})相等，则封闭区进回风两端(5、2′)的压能一样，而漏风消失。如果将连通管各作一条风流支路，按网络图展开如图6-16(b)所示，从此图上可见封闭区处于角联支路上，通过相邻支路风阻的调节不仅可以使其漏风风流停止流动，而且可以根据需要调节其风流方向。所以，连通管均压措施实质上也是改变通风系统均压的一种方法，连通管均压的压能图如图6-16(c)所示。

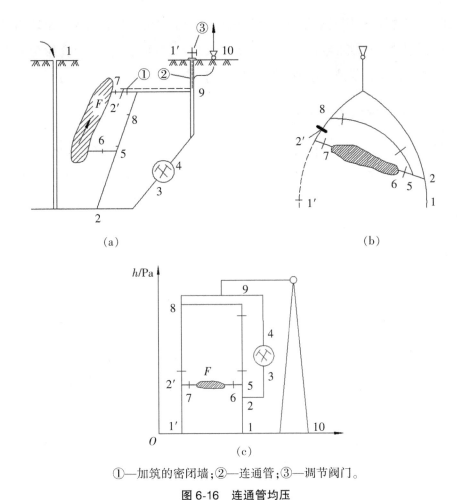

①—加筑的密闭墙;②—连通管;③—调节阀门。

图 6-16 连通管均压

(a)连通管均压布置图;(b)将连通管视为一条风路;(c)连通管均压压能图

第二节 注浆防灭火

注浆防灭火就是将不燃性注浆原料(黏土、粉煤灰、矸石以及沙等固体材料)细粒化后与水按一定配比制成悬浮液,利用静压或动压,经由钻孔或输浆管路水力输送至矿井防灭火区,以阻止煤炭氧化或扑灭已自燃的煤体。注浆的主要作用就是隔氧与降温,即通过浆体材料包裹煤体,隔绝氧气与煤体的接

171

触,防止煤的氧化;同时对于已自燃的煤炭降温和灭火。注浆防灭火是防治煤炭自然发火的一项最经济、最有效的防灭火技术措施之一。本节介绍防灭火注浆材料的选取、浆液的制备、输送和注浆工艺。

一、注浆材料的选取

井下防灭火注浆材料一般要具备 5 个基本性能:①不含可燃或助燃物质;②易成浆,利于管道水力输送;③具有必要的黏结性、稳定性和脱水性;④制成的浆液具有较大的渗透力和小的收缩率;⑤注浆材料堆成的实体具有足够的密封性能。煤矿中使用的传统注浆材料是含沙量不超过 25% ~ 30% 的黄土,根据矿区条件,也可选用适当的代用材料。目前,已经成功试用的代用材料有粉煤灰、煤矸石和山沙等,这些常用注浆材料的优缺点列于表 6-5。

表 6-5　常用注浆材料优缺点对比表[179]

材料	优　点	缺　点	现场应用实例
黏　土	黏土颗粒粒度小,黏性良好,易成浆,便于输送;流动性、渗透性好,能填堵岩石和煤中的细小裂隙;密封性能好,不透气体	蓄水性高,常从注浆区带出大量细粒黏土而使水沟、主要巷道和水仓淤塞;费用高,耗费大量农田且难以满足持续注浆的需要	在国内的许多矿区得到广泛使用
粉煤灰	粉煤灰颗粒表面具有一定的光滑度,易成浆,便于管道输送;流动性、稳定性好;密封性能较好;材料来源广泛,成本投入低,经济效益高;减少环境污染,具有良好社会效益	粉煤灰亲水性差,粒度大于黏土,黏性差;浆液脱水速度快,易沉降,容易发生堵管现象;堵漏效果差	兖州、平顶山、开滦、淮南、义马等矿区
煤矸石	经粉碎研磨的矸石可满足不同粒度要求,易悬浮;材料资源稳定,可满足持续注浆需求;减少矸石堆放量及所需耕地,利于保护耕地;减轻环境污染	其黏结性和塑性较黄土差;制浆成本高;工艺系统复杂	兖州局南屯煤矿、四川芙蓉矿局、华亭等矿区

续表

材料	优　点	缺　点	现场应用实例
沙	可实现大流量注浆；脱水性良好；消耗最小的电能和水便能很容易冲走；材料成本较低，资源稳定，节约大量土地资源	颗粒粒径较粉煤灰、黄泥大，包裹、覆盖、密封堵漏性能差；沙子的密度较大，易沉淀堵管和堵塞钻孔；渗透力差，易在注浆出口处堆积；浆液对管道磨损严重	抚顺、辽源、鹤岗、阜新等矿区

在选择注浆材料时，应首先以就地取材和能保证持续注浆为主，如果有条件，尽量采用不加工的材料，如黄土、粉煤灰等。如有两三种可供选择的原材料，则应对其物理性能、技术经济合理性加以对比，特别是采、运、加工的工艺及其各种费用进行对比，这样就能保证合理地使用注浆技术来进行防灭火工作。

二、浆液制备与输送

1. 浆液制备工艺

由于采用的注浆材料不同，浆液的制备工艺有所不同。应用粉煤灰则要建立由电厂到注浆站的专用运输线和运输工具，注浆站要建立储灰池。如利用风化页岩或矿井矸石，则必须建立一套多级机械破碎系统，只有破碎到一定程度的矸石或页岩（1 mm 以下的粒度占 80% 以上），才能构成浆并达到泥浆所需要的物理性能指标。

1）黄泥浆液制备

黄土浆液的制备一般在地面进行，通常有水力和机械两种取土方式。水力取土制浆系统如图 6-17 所示。水力取土制浆系统利用水枪直接冲刷黏土层（或堆）形成泥浆，浆液沿泥浆沟流入沉淀池（或集泥池），经搅拌机制成浆后，通过放浆闸阀送至注浆集中钻孔或井下注浆干管[179]。

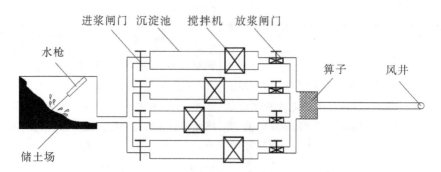

1—储土场;2—水枪;3—进浆闸门;4—沉淀池;5—搅拌机;6—放浆闸阀;7—箅子;8—风井。

图6-17 黄泥制浆工艺

水力取土方式工序简单,但需多个制浆池,要求制浆站面积较大;采用机械取土制浆则可在有限场地内实现快速、连续制浆。机械制备泥浆是把黏土由采土场运至注浆站的贮土场,然后进入振动给土器,再由此运送到搅拌池。同时给水,经机械搅拌形成泥浆,再经松动筛除渣送入注浆管。

2)页岩或矸石浆的制备

页岩或矸石浆制备工艺是:在采料场对大块岩进行破碎,然后用电扒斗耙经胶带输送机运送到破碎机破碎,再经球磨机磨制成浆。通过球磨机磨成的泥浆沿泥浆沟流入集浆池,经搅拌后即可由下浆孔输往井下干管进浆池。若集浆池盛满,用泥浆泵或砂浆泵将泥浆送往泥浆池以备用。制浆系统及工艺流程如图6-18所示。

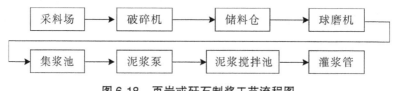

图6-18 页岩或矸石制浆工艺流程图

3)粉煤灰浆制备工艺

一般粉煤灰地面制浆工艺是:应用专用运输线和运输工具(多采用封闭式装置以避免污染环境),将电厂粉煤灰运送至注浆站储灰池(或者贮备罐)内。制浆时,打开贮备罐下口的阀门,利用电动锁定器定量放粉煤灰,同时打开水枪泵,将粉煤灰经导灰沟引入搅拌池内,经搅拌机搅拌均匀后通过筛板或箅子流入注浆立孔最后达需浆地点。图6-19为兖州东滩煤矿采用的地面粉煤灰制浆工艺系统。

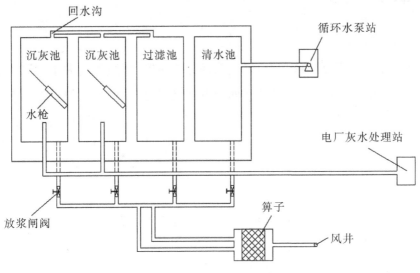

图 6-19　粉煤灰制浆工艺

？　浆液输送

浆液输送有两种形式：①静压输浆。静压输浆是利用制浆地点标高不同而产生的自然压差，借助输浆管路（或钻孔）将浆液输送到注浆区；②动压输浆。当借助自然压头输浆压力不够或倍线不能满足时，利用泥浆泵向注浆区注浆。

浆液输送一般是靠静压作动力，注浆系统的阻力与静压动力之间的关系用输送倍线表示。浆液的输送倍线是指从地面注浆站至井下注浆点的管线长度与垂高之比，即：

$$N = \frac{L}{H} \tag{6-5}$$

式中：N——输送倍线；

　　　L——进浆管口至注浆点的距离，m；

　　　H——进浆管口至注浆点的垂高，m。

一般情况下，浆液的输送倍线值最好在 5~6 范围内变化。倍线过大，则相对于管线阻力的压力不足，浆液输送受阻，容易发生堵管现象；倍线过小，浆液出口压力过大，对浆液在注浆区内的分布不利。

三、注浆工艺

1.注浆方式

注浆系统可根据矿体埋藏条件、采区分布布置、注浆量的大小和取土距离等条件,采用集中注浆或分散注浆两种方式,通过技术经济比较选取。①集中注浆。集中注浆即在地面工业场地或主要风井煤柱内设集中注浆站,为全矿或一翼服务的注浆系统。②分散注浆是在地面沿煤层走向打钻孔网或分区打钻注浆,设多个注浆站,分区注浆的系统。这种系统又分为钻孔注浆、分区注浆和井下移动式注浆,见表6-6。

表6-6　注浆系统分类及适用条件[178]

名称		优缺点	适用条件
集中注浆		优点: 1. 工作集中、便于管理 2. 人员少、效率高 3. 便于掌握浆液的浓度和质量 4. 占地较少 缺点: 1. 初期投资大、建设时间长 2. 采运工作比较复杂	1. 煤层埋藏较深 2. 矿井注浆量大,且采区生产集中 3. 取运浆料距离较远
分散注浆	钻孔或分区注浆	优点: 1. 设备简单、投资少、建设速度快 2. 制浆工艺简单、操作容易 3. 可减少井下所需干管 缺点: 1. 注浆分散、管理分散、人员多 2. 占用土地多、需打分区钻孔	1. 煤层埋藏浅 2. 注浆采区分散 3. 原料丰富,运输距离近
	井下移动注浆	优点: 1. 机动灵活 2. 注浆距离短、管材消耗少、堵管机会少 缺点: 1. 生产能力低 2. 管理分散、效率低	1. 注浆量少 2. 输浆困难或无法用钻孔注浆时采用

2. 注浆方法

注浆按与回采的关系大体可分为采前预注、随采随注和采后封闭注浆三种类型。

采前预注是在工作面尚未回采前对其上部的采空区进行注浆。这种注浆方法适用于开采老窑多的易自燃、特厚煤层。对于开采老窑多、易燃厚煤层进行采前预注，充填老窑空区，可消灭老空蓄火、降温和黏结浮煤，并起到除尘和排挤有害气体的作用，以实现老空的安全复采。

采后注浆是采空区封闭后，利用钻孔向工作面后部采空区内注浆。可由邻近巷道向采空区上、中、下三段分别打钻注浆，也可以在每一中间顺槽砌密闭墙插管注浆。采后注浆方式必须在发火期允许的开采条件下才能使用。该方法安全可靠、注浆量大、效率高，不受时间和回采工序的限制，使用范围广。

随采随注则是随着采煤工作面推进的同时，向有发火危险的采空区注浆，是注浆采用的主要方法，其目的和作用：一是防止采空区遗煤自燃，二是胶结垮落的矸石，形成再生顶板而为下分层开采创造条件。随采随注分为钻孔注浆、埋管注浆和洒浆三种方式。

1）钻孔注浆

打钻注浆是在煤层底板运输巷或回风巷以及专门开凿的注浆巷道内，也可以在邻近煤层的巷道内，向采空区打钻注浆，钻孔直径一般为 75 mm，如图 6-20 所示。为减少孔深或便于安装钻机，而又不影响巷道内的运输，在巷道内一般每隔 20~30 m 距离开一小巷（称钻窝或钻场），在钻场内向采空区打扇形钻孔注浆（图 6-21）。

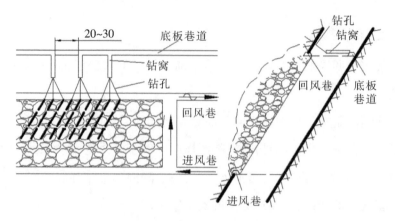

图 6-20　由底板巷道打钻灌浆

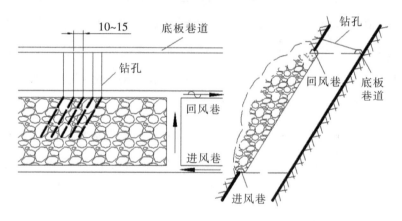

图 6-21　由钻窝打钻灌浆

2)埋管注浆

埋管注浆是在放顶前沿回风道在采空区预先铺好注浆管,一般预埋 10~15 m,预埋管一端通往采空区,一端接胶管,胶管长一般为 20~30 m,放顶后立即开始注浆。为防止垮落岩石砸坏注浆管,埋管时应采取防护措施(如架设临时木垛)。随工作面的推进,按放顶步距用回柱绞车逐渐牵引注浆管,如图 6-22 所示,牵引一定距离注一次浆。

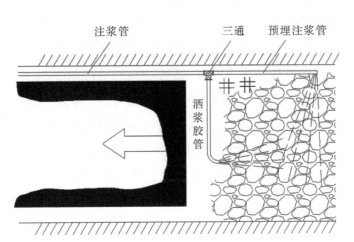

图 6-22 埋管灌浆

3)工作面洒浆或插管注浆

从回风巷注浆管上接出一段浆管,沿倾斜方向向采空区均匀地洒一层泥浆,如图 6-23 所示。洒浆量要充分,泥浆能均匀地将采空区新垮落的矸石包围。洒浆通常作为埋管注浆的一种补充措施,使整个采空区特别是下半段也能注到足够的泥浆。对综采工作面常采用插管注浆的方式,即注浆主管路沿工作面倾斜铺设在支架的前连杆上,每隔 20 m 左右预留一个三通接头,并分装分支软管和插管。将插管插入支架掩护梁后面的垮落岩石内注浆,插入深度应不小于 0.5 m。工作面每推进两个循环,注浆一次。

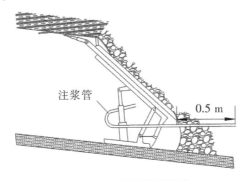

图 6-23 工作面插管灌浆

3. 主要注浆参数

注浆参数主要包括注浆浓度、注浆量、浆液扩散半径和采后开始注浆时间等。

1）注浆浓度（浆液的水土比）

浆液的水土比是反映浆液浓度的指标，是指浆液中水与土的体积之比。不同的注浆材料的浆液浓度会有所不同。水土比的大小影响着注浆的效果和浆液的输送。浆液的水土比小，则浆液的浓度大，其黏性、稳定性和致密性好，包裹隔离效果好，但流动性差，输送困难，注浆钻孔与输浆管路容易发生堵塞。水土比过大，则耗水量大，矿井涌水量增加；在工作面后方采空区注浆时，容易流出放顶线而恶化工作环境。通常是根据浆液的输送条件、注浆方法，按季节不同而确定水土比。当输送距离近、管路弯头多、煤层倾角大时，在夏季注浆可使水土比小一些。一般水土比的变化范围为 2∶1～5∶1。特别地，由于沙子的密度和平均颗粒粒径均较大，根据经验，水沙比一般控制在 9∶1～15∶1 之间较为适宜。水沙比过小时，会造成堵管事故，过大时会使注沙效率降低。

2）注浆量

根据注浆的作用和目的，合理的注浆量应能够使沉积的浆材充填碎煤裂隙和包裹注浆区暴露的遗煤。注浆量主要取决于注浆形式、注浆区的容积、采煤方法等。采前预注、采后封闭停采线注浆都是以充满注浆空间为准。随采随注的用土量和用水量可按下列方法计算。

（1）按采空区注浆计算需土量和需水量

①注浆需土量：

$$Q_t = K \cdot M \cdot L \cdot H \cdot C \tag{6-6}$$

式中：Q_t——注浆用土量，m^3；

M——煤层开采厚度，m；

L——注浆区的走向长度，m；

H——注浆区的倾斜长度，m；

C——煤炭回采率，%；

K——注浆系数，即浆液的固体材料体积与需注浆采空区空间体积之比。

K 值反映顶板垮落岩石的松散系数、泥浆收缩系数和跑浆系数等的综合影响，它只能根据现场具体情况而定，一般取值范围为 0.03～0.3。

②注浆需水量：

$$Q_s = K_s \cdot Q_t \cdot \delta \qquad (6\text{-}7)$$

式中：Q_s——注浆所用水量，m^3；

　　K_s——冲洗管路防止堵塞用水量的备用系数，一般取 1.10~1.25；

　　δ——水土比，根据所要求的泥浆浓度取值。

（2）按日注浆计算需土量和需水量

①日注浆需土量：

$$Q_{t1} = K \cdot M \cdot l \cdot H \cdot G \qquad (6\text{-}8)$$

式中：Q_{t1}——日注浆用土量，m^3/d；

　　l——工作面日推进度，m/d；

　　G——矿井日产量，t。

②日注浆需水量：

$$Q_{s1} = K_s \cdot Q_{t1} \cdot \delta \qquad (6\text{-}9)$$

式中：Q_{s1}——日注浆所用水量，m^3/d。

3）浆液扩散半径

注浆过程中，浆液的扩散半径随注浆区渗透系数、裂隙宽度、孔隙率、注浆压力、注浆时间的增加而增加，随着浆液浓度（或黏度）的增加而减小。此外，注浆材料的选择对浆液扩散半径影响也较大。

浆液扩散半径的大小很大程度上决定了注浆施工的成本和进度。浆液扩散半径大，单孔所需要的浆液注入量就大，而注浆钻孔的数量就相对少些，这样注浆钻孔的工作量就少。

当浆液扩散半径确定后，要达到设计的扩散半径，可以通过调整注浆压力以及浆液的浓度来达到。浆液浓度小，注浆时压力大，浆液在采空区中扩散得远，反之则扩散得近。

此外，注浆方法也能控制浆液在注浆区的扩散范围。采用连续注浆，浆液扩散范围大，而采用间歇式注浆方法，浆液扩散范围就小。

4）采后开始注浆时间

采后开始注浆时间是指在回采后开始注浆的一段时间间隔。这是一个重要参数，从防火要求来说，应尽可能缩短采后注浆时间。但采后间隔时间短，由于注浆点与回采工作面的距离小,采空区未被压实,浆液容易流入回采工作面,不但影响正常生产,而且浆液流失会影响注浆效果。合理的采后注浆时间,既要考虑钻孔施工的可能和及时抑制遗煤氧化,又要顾及注浆管路系统的倍线和不能影响正常生产。如柴里矿煤层的发火期最短为 2 个月,根据经验,当煤层倾角较小、两道比较平坦、起伏不大时,采后 10 d(即回采工作面推进 20 m 左右)开始对两道进行注浆就可以有效地防止采空区遗煤自燃。

采后注浆时间对不同的顶板岩性应有所差异。此外,当注浆压力较小时,为保证比较充足的注浆量,亦应及早注浆。

四、注浆管理

作为一种有成效、稳定可靠的防灭火技术措施,注浆具有一定的优势,但同时不可避免地存在一些缺点,如容易堵管、跑浆、溃浆等问题。因此,为了有效地实现其防灭火的作用,在整个注浆过程中必须加强注浆管理,使注浆起到预定的效果。

(1)预防堵管。为了防止注浆时浆液堵管,除严格控制大颗粒(大于 2 mm)进入输浆管路中,注浆前应先用清水冲洗输浆管路,然后下浆。注浆结束后,再用清水清洗,以免泥浆在管内沉淀。

(2)防止跑浆。注浆期间要对管路接头及密闭附近的煤岩进行细致的检查,避免跑浆。当采用随采随注的预防性注浆方法时,特别是对于俯采工作面,如果管理不当则常常会出现泥浆漫溢到工作面而恶化工作面环境的情况。为此,注浆地点应距工作面有一定安全距离,一般为 15~20 m。也可将工作面用木板做成挡浆隔板。

(3)观测水情。注入采空区的水量和排出的水量均应详细记录和计算。如排出的水量很少,则说明注浆区内有泥浆水积聚,这对于开采下分层或下部煤层具有一定的危险性。只有注浆区内积水全部排出才不会引起泥浆的溃决事故。此外,应注意从注浆区中排出水的含泥量。如果水中含泥量增多,说明在采空区内形成了浆沟,泥浆未均匀分布于采空区,而是直接从采空区流出,这势必要降低注浆效果。因此,要在泥浆中适当增加沙子量,用沙子填平水路,以便使泥浆分布范围增大。

（4）设置滤浆密闭和排水道。在注浆工作面的运输巷内应用滤水密闭将滤浆区与工作区分开。泥浆水通过滤浆密闭流出且把泥沙留在注浆区内。这样既能保证水从水沟中顺利排出，也不致发生泥浆在运输道内积聚而妨碍运输和恶化劳动条件。

在注浆区的运输巷内，为避免污染运煤巷，可设专门排水站孔，使水直接从工作面的后部流出而不进入运输巷。

第三节　惰气防灭火

惰性气体简称惰气。矿井防灭火所用的惰气与化学上的惰气在概念上有所区别，是指不能助燃的气体，常用的有氮气、二氧化碳和湿式惰气等，在煤炭自燃的防治应用方面，氮气纯度高（纯度≥97%）、对人与环境安全性更好，因此应用最广。本节主要介绍氮气防灭火技术。

1953 年，英国罗斯林矿用罐装的液氮汽化形成的氮气扑灭了井底车场附近煤层的自然发火。1962 年，威尔士的弗恩希尔矿将液氮汽化后注入密闭区来扑灭火灾[180]。20 世纪 70 年代起，西德在液氮防治煤自然发火技术方面发展较快，在现场应用取得了良好的效果，在 1974—1979 年间，41 次将液氮应用到煤矿井下防灭火[181-182]。而后，英、法、苏联、印度等国也都采用了这一技术[183]。

20 世纪 80 年代，我国开始了对氮气惰化防灭火技术的研究与试验[184]。1982 年，天府矿务局用罐装液氮进行了灭火试验；1989 年，抚顺龙凤矿利用井上氧气厂生产的氮气，通过管路输送到综放工作面采空区防止遗煤自燃取得了成功；1992 年，西山杜尔坪矿利用移动式变压吸附制氮装置产生的氮气，通过管路输送到井下，有效地防止了近距离煤层群煤的自燃；1995 年，兖州兴隆庄矿利用安装在停采线附近的移动式膜分离制氮装置，有效地控制了无煤柱开采邻近工作面采空区煤的自燃。1996 年，我国已有 21 个矿区，34 个综放工作面采用注氮防灭火技术。进入 21 世纪以来，由于制氮装备与技术的不断发展，氮气防灭火技术已经在国有重点煤矿获得了广泛应用，特别已作为综放工作面防治煤自然发火的一项重要技术措施。

一、氮气防灭火特性

1.氮气的性质

氮气是空气的主要成分,在空气中所占的体积百分比为78%。它无色、无味、无毒,不可燃也不助燃,无腐蚀性,不易溶于水,化学性质稳定。氮气常温下密度为 1.16 kg/m³,与空气密度 1.2 kg/m³ 相近,因此,氮气很容易和空气混合,这就使得注入的氮气在煤矿井下不易分层。在 1 标准大气压(1.013 25×10⁵Pa)下, -195.8℃ 时液化为液态氮, -209.9℃ 时可变为固态[185-186]。液氮与氮气相比,具有体积小(0℃时两者体积比为 1/647,35℃时为 1/731),易贮存,运输量小等优点。

注氮能实现可燃物对氧气的一种隔绝和屏蔽,即消除燃烧三要素中的氧气这一要素。所有的有火焰的燃烧都会在氧气浓度低于10%~12%时熄灭,低温干馏性的燃烧在氧气浓度低于2%时熄灭[187]。用惰气防灭火和阻止瓦斯爆炸的过程称为惰化,惰化后的火区因氧气不足而不能燃烧和爆炸。氮气防灭火技术就是指将氮气送入防灭火区,使该区域内空气惰化,使氧气浓度小于煤自然发火的临界氧浓度,从而防止煤氧化自燃,或使已经形成的火区窒息的防灭火技术。

氮气防灭火的作用主要表现在:

(1)当对防灭火区域注入大量的氮气后,使得采空区内的氧气浓度下降;氮气部分地替代氧气进入煤体裂隙表面,与煤的微观表面进行交换吸附,从而使得煤表面对氧气的吸附量减少,在很大程度上抑制或减缓了遗煤的氧化作用。

(2)对于有一定封闭条件的防灭火区域注氮防灭火而言,长期连续地注入氮气后,大量的氮气可使采空区内形成正压,从而使得采空区的漏风量减少,使遗煤处于缺氧环境中而不易氧化。

(3)较低温度的氮气在流经煤体时,吸收了部分煤氧化产生的热量,可以减缓煤升温的速度和降低周围介质的温度,使煤的氧化因聚热条件的破坏而延缓或终止。

(4)采空区内的可燃、可爆性气体与氮气混合后,随着惰性气体浓度的增加,爆炸范围逐渐缩小(即下限升高、上限下降)。当惰性气体与可燃件气体的混合物比例达到一定值时,混合物的爆炸上限与下限重合,此时混合物失去爆炸能力。这是注氮防止可燃、可爆性气体燃烧与爆炸作用的另一个方面。

综上所述,注氮防灭火的实质是通过控制燃烧所需的氧气量抑制燃烧、窒息火源,达到灭火的目的。

2. 氮气防灭火的优缺点

1)氮气防灭火技术的优点

(1)工艺简单、操作方便、易于掌握。

(2)不污染防灭火区域,对封闭区域内的设备损害小,恢复生产快。

(3)较好的稀释抑爆作用。注入氮气可快速、有效稀释防灭火区域的氧气,降低氧气和可燃气体的浓度,可使防灭火区域内达到缺氧状态,并使可燃气体失去爆炸性,从而充分惰化防灭火区域,保证防灭火区域的安全。

(4)有效抑制防灭火区域的漏风。由于氮气均为正压注入,因此,当大量注入到防灭火区域后,使得该区域的气压升高,处于正压状态,从而有效抑制了防灭火区域的漏风。

2)氮气防灭火技术的缺点

一切事物都有两面性,惰气防灭火也有一定的局限性,其缺点表现为:

(1)注入防灭火区域的氮气不易在防治区域滞留,不如注浆注沙能"长期"覆盖在可燃物或已燃物的表面上,其隔氧性较差。

(2)注氮能迅速窒息火灾,但火区完全灭火时间相当长,不能有效地消除高温点,因此,在注惰气灭火的同时,应辅以其他措施灭火,如用水、注浆以及凝胶等方法,以防复燃。

(3)注氮气防火,氮气有向采面或临近采空区泄漏的可能性;而当注氮气灭火时,当密闭不严或者存在漏风通道时,氮气可能通过密闭等漏风通道泄漏。因此,注氮气防灭火的同时,需相应采取堵漏措施,使氮气泄漏量控制在最低限度内。

(4)氮气本身无毒,但具有窒息性,浓度较高时对人体有害。据试验,井下作业场所氧含量下限值为19%,所以氮气泄漏的工作地点氧含量不得低于其下限值。

因此,矿井在应用氮气防灭火技术时,要根据自身情况,因地制宜,采取合理的技术及管理措施,扬长避短,充分发挥其优越性。

二、氮气的制备

目前,世界各国制取氮气均以空气作为原料,而空气的供给是无限量且方便快捷的。制取氮气的方法主要是采用空分技术,即将空气中的氮气和氧气运用不同的方法进行分离而得到较高浓度的氮气。

目前,制取氮气主要有深冷空分、变压吸附和膜分离三种方法。制氮技术中,在我国煤矿应用的空分制氮技术中,深冷空分是最先使用的方法,但由于其制氮装备庞大,固定资产投资较高,需要较大的固定厂房,因而逐步被变压吸附和膜分离的方法所代替。

1. 深冷空分制氮

利用深冷原理制取氮气的基本过程是:通过压缩、膨胀循环将大气温度降低并使之成为液态,然后根据大气组分沸点不同而将氮氧分离出来,如图 6-24 所示。

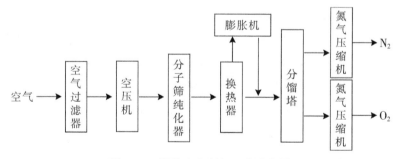

图 6-24　深冷空分制氮工艺流程图

深冷空分式的最大特点是同时制取氧气和氮气,产气量较大,每小时可产氮(或氧)几千到几万 m^3(目前我国能够达到的最大制氮量为 80 000 m^3/h),且氮气纯度高,可达到 99.95% 以上。

如图 6-24 所示,深冷空分设备一般由空气过滤器、空压机、分子筛纯化器、换热器、膨胀机、分馏塔、氮气压缩机、氧气压缩机等八部分组成。

空气经空气过滤器清除尘埃及机械杂质后,由空压机压缩至工作压力,压缩后的气体进入气体纯化系统。纯化系统的作用是清除空气中的水分,二氧化碳及乙炔等碳氢化合物,其方法是将气体通过分子筛予以吸附,达到清除的目的。从分子筛纯化器中出来的气体经换热器降温,膨胀机降压后,进入分馏塔中分馏,从而从中分离出氧气和氮气。从分馏塔出来的低温、低压的氧气和氮气,再经压缩机的压缩,使其达到现场应用的要求。

综上所述,深冷空分技术成熟、实用性好、安全可靠。该技术的缺点是启动时间长,制氮效率低,耗能大,且设备庞大、无法下井,需要在地面上设制氮厂,然后通过管路将氮气(或液氮)送往井下,一次性投资较大。若制氮厂离井口较远时(如利用制氧厂分离出的氮时),可将氮气加压降温制成液氮,然后用专用运输设备(液氮槽车)运往矿井使用。

2. 变压吸附制氮

利用变压吸附方法制取氮气的基本原理是:通过分子筛对氧气加压吸附排氮、减压脱附排氧,从而将氮、氧分离。

变压吸附是利用吸附剂对吸附介质在不同的压力下,对吸附介质中的不同组分有不同的吸附容量,通过压力的变化进行吸附、解吸,从而获得目标组分的方法。由于过程中压力在不停变化,因此称为变压吸附。目前变压吸附制氮采用碳分子筛(CMS)和沸石分子筛(MS)两种技术。碳分子筛制氮是利用碳分子筛对 O_2 和 N_2 吸附速率不同的原理来分离 N_2 的。碳分子筛是一种非极性速度分离型吸附剂,通常以煤为原料,以纸张或焦油为黏结剂加工而成。它能分离氧氮,主要是基于氧气和氮气在碳分子筛上的扩散速率不同(35℃时扩散速率,O_2 为 $6.2×10^{-5}$,N_2 为 $2.0×10^{-6}$),氧气在碳分子筛上的扩散速度大于氮气的扩散速度,使得碳分子筛优先吸附氧气,而氮气富集于不吸附相中,从而在吸附塔流出得到产品氮气。沸石分子筛制氮是利用沸石分子筛对 O_2 和 N_2 吸附容量不同的原理来分离 N_2 的。从目前制氮技术应用来看,碳分子筛技术成为主流技术,沸石分子筛技术由于处理原料气和真空解吸等繁杂步骤应用较少。

变压吸附制氮是利用碳为基体,碳分子筛作为吸附剂,它具有多孔性,能选择性地吸附空气中的氧分子,从而得到氮气的常温制气方法。为获得连续的氮气,需要多个吸附塔交替工作。氧与氮通过焦炭分子筛分离的原理是:带有一定压力的空气送入焦炭分子筛后,分子直径比氮稍小的氧以较快速度扩散至碳分子筛的微孔内,从而优先被分子筛所吸附,而氮能自由通过分子筛颗粒而排出。气体所走行程越长,氮气的浓度就越高。经过一定的时间后,两个吸附罐进行反向切换,将吸足了氧的吸附罐进行减压脱氧,使分子筛再生,另一个吸附罐在此期间完成吸氧工作。如此往复交替,就能得到纯度在99%以上的氮气。

变压吸附制氮的工艺流程如图6-25所示。

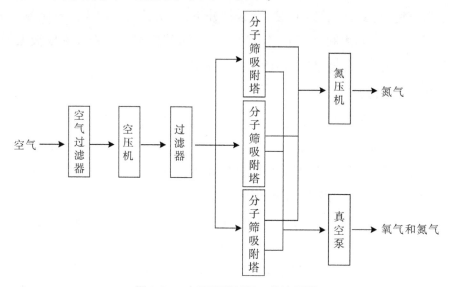

图6-25 变压吸附制氮工艺流程图

工作流程是:空气经空气过滤器清除尘埃及机械杂质后,经压缩机压缩,进入冷干机进行冷冻干燥,以达到变压吸附制氮系统对原料空气的露点要求。再经过过滤器除去原料空气中的油和水,进入空气缓冲罐,以减少压力波动。最后,经调压阀将压力调至额定的工作压力,送至吸附器(内装碳分子筛),空气在此得到分离,制得氮气。原料空气进入其中一台吸附器,产出氮气,另一台吸附器,则减压解吸再生。两台吸附器交替工作,连续供给原料空气,连续产出氮气。氮气送至氮气缓冲罐,通过流量计计量,仪器分析检测,合格的氮气备用,不合格的氮气放空。

变压吸附制氮装置存在着产氮效率低、单位氮气能耗大、设备体格大、运转和维护费用高等问题。目前,变压吸附制氮装置不仅有地面固定或移动式,还制成了井下移动式注氮设备,这对煤矿井下的注氮防灭火起到很好的作用。

3. 膜分离制氮

膜分离制氮技术是 20 世纪 80 年代高科技研究成果。自 1985 年美国 DOW 公司开发的第一台膜分离空分设备投放市场以来,至今已有数千套在世界上运行。国内也从 1987 年开始采用国外膜分离技术研制井下移动式膜分离制氮机,并取得成功。

1)膜分离制氮原理

膜分离法是根据气体的"溶解扩散理论"来分离氧气和氮气的。即氧和氮在膜中的透过,是因为气体首先在膜中溶解,在外界能量的推动下再从另一侧解析。因为氧、氮对分离膜的渗透率不同,在外界能量或化学位能差的作用下,分别在分离膜的两侧得到富集。不同介质流体在压力作用下,通过某种微孔材料表面的扩散速率不同,速度快者称"快气",容易通过膜墙至管壁外富集;速率慢者称"慢气",在管内逐渐富集,亦有少量渗透到管外。收集不同富集端(管内外)气体得到不同气体产品,达到分离气体的目的。图 6-26 为膜分离制氮的工艺流程图。

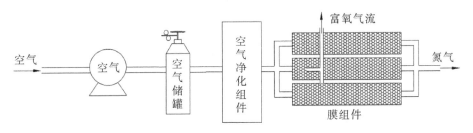

图 6-26　膜分离制氮工艺流程图

几种常见气体的快、慢分级如图 6-27 所示,可以看出,O_2、N_2 的快慢差别比较明显,因此可以用膜将它们分离。

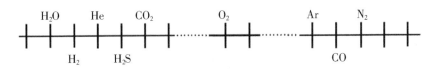

图 6-27　常见气体的相对渗透速率

2）制氮装置

膜分离制氮装置也分为井上固定式和井下移动式两种，下面以移动式为例介绍。井下移动式膜分离制氮装置由空压机段、预处理段和膜分离段三部分组成。采用分体式结构，组装在平板车上以耐压胶管连接，组成整个制氮装置。此外配有保护系统、控制和检测装置等。如图 6-28 所示为膜分离制氮系统示意图及其膜组件图片。

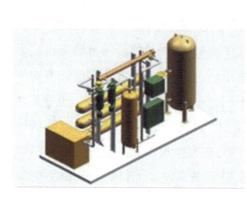

图 6-28　膜分离制氮系统及组件

该装置是以螺杆式空气压缩机为动力气源，通过压缩空气预处理段对空气进行除油、除尘、除水、恒温处理后，再由膜分离段中的膜组件对空气进行分离富集而制取氮气的。

空压机部分体积小，噪音低，运行平稳，供气无脉冲，供气温度低，可以无基础运行。预处理段由精密过滤器、活性炭过滤器、换热器等组成。过滤器采用三级过滤，各种过滤器排污口均装有自动排污阀，当污物达到一定量时，自动排污。

中空纤维膜分离制氮的膜组是一个圆筒形的高分子材料制成的中空纤维膜束，每束像列管式换热器一样包含上百万根中空纤维，以提供最大限度的分离面积，每根中空纤维直径约几十微米，就像人的头发丝一样细，压缩空气由中空纤维束的一端进入，气体分子在压力作用下，经过吸附、溶解、扩散、脱溶、逸出，从中空纤维管束的另一端排出产品气。由于每种气体对纤维的渗透速率均不相同,氧、水蒸气、二氧化碳的渗透速率"快",即由高压内侧对纤维壁向低压外侧渗出容易,由膜组件一侧的排气口排出。而氮气的渗透速率"较慢",被富集在高压内侧,由膜组件的另一端排出,从而实现了氧、氮的分离,分离出的氮气压力一般为 0.8 MPa。

此外,机组装有气、油超温保护,断电、超压保护以及压力、温度、压差、氮气流量、氮气浓度等自动显示仪器仪表。

3)井下移动式膜分离制氮特点

(1)体积小,质量小,安装移动方便;

(2)性能可靠,操作简单,故障率低,寿命长;

(3)氮气的产量、压力可调,而且产量和纯度有关;例如 MD-350 型膜分离制氮装置产量和氮气纯度的关系如图 6-29 所示;

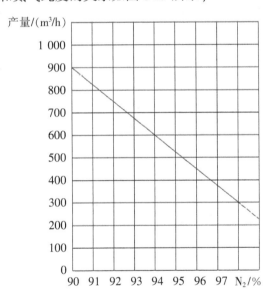

图 6-29　MD-350 型膜分离制氮装置性能曲线[29]

(4)系统简单,运行成本低,经济效益好;

(5)氮气压力高,输送距离远;

(6)自动化程度高。

4. 三种制氮方式的比较

综上所述,制取氮气的三种方法各有优缺点,主要表现在:深冷空分制取的氮气纯度最高,通常可达到99.95%以上,但制氮效率较低,能耗大,设备投资大,需要庞大的厂房,且运行成本较高;变压吸附的主要缺点是碳分子筛在气流的冲击下,极易粉化和饱和,同时分离系数低,能耗大,使用周期短,运转及维护费用高;膜分离制氮的主要特点是整机防爆,体积小,可制成井下移动式,相对所需的管路较少,维护方便,运转费用较低,但当制氮纯度较高时,其成本也显著上升,且产氮量有限。表6-7为三种制氮方法及设备的比较表。

表6-7　制氮方法及设备比较

按制氮原理分类	深冷空分法	变压吸附空分法	膜分离空分法
工作原理	将空气液化,根据氧和氮沸点不同达到分离	加压吸附,降压解吸,利用氧氮吸附能力不同达到分离	根据不同气体分子在膜中的溶解扩散性能的差异来完成分离
主要设施	1. 空气净化装置 2. 换热装置 3. 精馏塔 4. 压缩机 5. 透平膨胀机 6. 输液泵	1. 吸附剂(碳分子筛) 2. 压缩机 3. 真空泵 4. 干燥器	1. 压缩机 2. 除油净化 3. 膜组件
装置特点	工艺流程复杂,设备较多,投资大	工艺流程简单,设备少,自控阀门较多,投资少	工艺流程简单,设备少,自控阀门少,投资较大
操作特点	启动时间长,一般为15~40 h,必须连续运转,不能间断运行,短暂停机,恢复工况时间长	启动时间短,一般不多于30 min,可连续运行,也可间断运行。	启动时间短,一般不多于20 min,可连续运行,也可间断运行
维护特点	设备结构复杂,加工精度高,维修保养技术难度大,维护保养费用高	设备结构简单,维护保养技术难度低,维护保养费用低	设备结构简单,维护保养技术难度低,维护保养费用较高
土建及安装特点	占地面积大,厂房和基础要求高,工程造价高。安装周期长,技术难度大,安装费用高	占地面积小,厂房无特殊要求,造价低。安装周期短,安装费用低	占地面积小,厂房无特殊要求,造价低。安装周期短,安装费用低

按制氮原理分类	深冷空分法	变压吸附空分法	膜分离空分法
产气成本	0.5~1.0 kW·h/m³	0.32~0.35 kW·h/m³	单位产98%纯度氮气的电耗为0.29 kW·h/m³
安全性	在超低温、高压环境下运行可造成碳氢化合物局部聚集,存在爆炸的可能性	常温常压下操作,无爆炸危险性	常温较高压力下操作,不会造成碳氢化合物的局部聚集
可调性	气体产品产量、纯度不可调,灵活性差	气体产品产量、纯度可调,灵活性好	气体产品产量、纯度可调,灵活性较好
经济适用性	气体产品种类多,气体纯度高,适用于大规模制气、用气场合	投资小、能耗低,适用于氮气纯度95%～99.9995%的中小规模应用场合	投资较大、能耗低,适用于氮气纯度95%～99.9%的中小规模应用场合。膜分离制氮能耗在氮气纯度99%以下和变压吸附制氮能耗相差不大,氮气纯度99.5%以上经济性比变压吸附差

三、注氮防灭火工艺

1. 注氮方式

根据注氮区域空间的封闭与否,注氮方式可分为开放式注氮和封闭式注氮。

1)开放式注氮

开放式注氮即是在需要注氮的区域未封闭的情况下进行的一种注氮方式[188]。一般在不影响工作面正常工作的情况下,利用大量的氮气使得采空区内氧化带的氧含量降低到能使浮煤发生自燃的浓度以下,从而达到防灭火的目的。开放式注氮适用于推进中的工作面采空区早期自燃的防灭火工作[189]。

2）封闭式注氮

为控制火情或防止瓦斯爆炸，将发生火灾或积聚瓦斯的区域先封闭后进行注氮。当封闭的火区内漏风严重或者存在大量高浓度瓦斯时，可采取封闭式注氮来降低氧含量并抑制瓦斯爆炸。

开放式与封闭式注氮方式，其注氮地点一般离火源或者高温点较远，覆盖范围较大，利用大流量的注氮来降低该大面积区域的氧气含量，从而达到防灭火的目的。因此，这对那些火源点不明确、无法确定准确位置的火情比较适合。但是对于一些明确的火情，这两种方法就显得较为笨拙且浪费氮气。因此，煤科总院重庆分院与阜新矿业集团公司合作，研究了新的注氮气防灭火技术——目标注氮，其内容为：巷道、支架上部或采空区发生煤层自燃或发现有高温点，对该区域暂不进行封闭，而是直接向火源点或高温点打钻孔进行注氮，氮气释放口离火源目标的距离不超过 8 m，仅通过降低火源点或高温点附近小范围的氧含量，来达到防灭火的目的。

2. 注氮方法

1）埋管注氮

埋管注氮时管路的布置通常有两种方法：第一种方法是在工作面的进风侧采空区埋设一条注氮管路，埋入一定长度后开始注氮，同时再埋入第二条注氮管路（注氮管口的移动步距通过考察确定），当第二条注氮管口埋入采空区氧化带与冷却带的交界部位时向采空区注氮，同时停止第一条管路的注氮，并又重新埋设注氮管路；如此循环，直至工作面采完为止。另一种方法是沿工作面进风巷铺设注氮干管，每隔一定距离从干管上引出注氮支管，在支管上安装闸阀，以控制氮气的注入量；开始注氮和停止注氮时，埋入采空区的注氮支管长度为多少，须通过实际考察确定。采空区埋管管路每隔一定距离预设氮气释放口，其位置应高于煤层底板 20～30 cm，并采用石块或木垛加以妥善保护，以免孔口堵塞。图 6-30 是大屯徐庄矿 7235 工作面埋管示意图[190]。

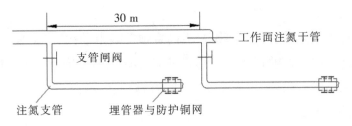

图 6-30　大屯徐庄煤矿 7235 工作面埋管示意图

2）拖管注氮

在工作面的进风侧采空区埋设一定长度（其值由考察确定）的注氮管。它的移动主要利用工作面的液压支架、工作面运输机机头机尾，或工作面进风巷的回柱绞车作牵引。拖管注氮能够有效控制注氮地点，提高注氮效果，同时埋管移动周期与工作面推进速度保持同步，使注氮孔始终在采空区氧化自燃带内注入氮气。据经验，埋管距工作面 17 m 之内，采用回柱绞车能够牵移动埋管。

3）钻孔注氮

在地面或施注地点附近巷道向井下火区或火灾隐患区域打钻孔，通过钻孔将氮气注入火区，该方式适用于开采工作面有岩石集中巷布置或下区段回风顺槽已预先掘出等场合[191]。西山杜儿坪煤矿钻孔注氮方式如图 6-31 所示[192]。

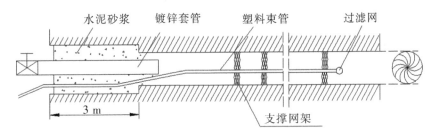

图 6-31　西山杜儿坪煤矿钻孔注氮示意图

西山杜儿坪煤矿为防治煤层自然发火，通过尾巷注氮钻孔进行注氮，有效解决了该区域的自然发火问题。其钻孔方式如下：在尾巷内每隔 25 m 向工作面进风顺槽打水平钻孔，穿透煤柱。钻孔长 17 m，孔径 89 mm，钻孔口套入 $\phi50$ mm×3.5 m 镀锌管一根，$\phi8$ mm 的观测气体用聚乙烯塑料管一根，周边用水泥砂浆封严。

4)插管注氮

为处理工作面采空区后部或巷道高冒顶等地点的火灾,可采用向火源点直接插管进行注氮。插管注氮能够迅速降低火源的温度和 CO 含量,适用于火源及高温煤体面积较大、位置较高、火源较隐蔽的场合。

5)密闭注氮

利用密闭墙上预留的注氮管向火区或火灾隐患的区域实施注氮,是封闭式注氮的一种形式。下面以新疆煤业集团六道湾煤矿放顶煤工作面密闭注氮为例介绍密闭注氮灭火过程。

(1)六湾煤矿放顶煤综采工作面概况。进行氮气灭火的工作面位于矿井东二南采区西南的 B_{4+5+6} 煤层中,该工作面煤层倾角为 69°~71°,煤层总厚度为 36.7~48.6 m,其中 B_6 煤层厚 13.0~15.6 m,B_{4+5} 煤层厚 23.7~33.0 m,B_5 与 B_6 之间有 1.5 m 左右的泥质夹矸石。属于极易自然发火煤层,发火期一般为 3~6 个月,但在上部回采时,曾有过仅 20 余天采空区就发火的历史。工作面煤层的瓦斯涌出量为 4~7 m³/t,属低瓦斯煤层。

工作面的采煤方法为水平分层综采放顶煤法。工作面长 36.7~48.6 m,走向长度 340 m。工作面的生产水平标高为 +686~+700 m,系采区的第二分层。工作面回采高度为 14 m,其中割煤 2.5 m,放煤高度 11.5 m。工作面采用"U"形通风方式。

(2)注氮防灭火工艺系统。六道湾煤矿氮气防灭火工艺系统为:井口氮气厂空分机生产氮气(能力为 600~650 m³/h)→贮气囊($V = 50$ m³)→加压泵($Q = 10$ m³/min,$p = 0.8$ MPa)→φ100 mm 输氮管→火区密闭或钻孔。

(3)灭火注氮位置。火区氮气灭火布置见图 6-32。因为火源点在采空区的位置靠近回风侧,由此将注氮口设置在回风密闭。在进、回风密闭上均安设取气管测量火区气体含量,安设水柱计测量密闭内外压差,安设温度计测量火区温度。

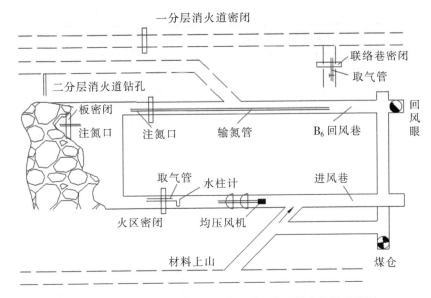

图 6-32　乌鲁木齐六道湾煤矿放顶煤工作面墙内注氮示意图

（4）注氮过程及效果。1991 年 8 月 11 日下午 3 时，注氮开始。注氮流量为 550 m³/h，氮气纯度为 99.9%，氮压机出口端的输送压力为 0.3 MPa。注氮开始时，先用氮气清洗注氮管路，5 min 后，氮气管路清洗完毕，然后正式向火区注氮。注氮 5 min 后，经检测，火区注氮口密闭内外的压差便由注氮前的 30 Pa 上升到 230 Pa，注氮 2 h 后，内外的压差继续上升到 350 Pa，进风密闭内外的压差由注氮前的 0 Pa 上升到 230 Pa。此后，这两个密闭内外的压差基本保持此数。注氮 7 h 后，火区进、回风密闭里的氧含量降至 0.4%，CO 含量由注氮前的 $1\,130 \times 10^{-6}$ 下降到 24×10^{-6}。8 h 后，进、回风密闭的出气温度皆由注氮前约 33℃下降至 16℃。注氮 53 h 后，因氮气站设备发生故障而停氮（时间达两天），火区的各项指标略有变化，其变化如表 6-8 所示。

表 6-8　注氮前后火区各项指标变化表

时间	地点	CO/$\times 10^{-6}$	O_2/%	压差/Pa	温度/℃
注氮前	B_4 进风密闭内	1 030	4.2	0	33
	B_6 回风密闭内	1 130	4.0	+30	33

时间	地点	CO/×10⁻⁶	O₂/%	压差/Pa	温度/℃
注氮 50 h	B₄ 进风密闭内	24	0.4	230	16
	B₆ 回风密闭内	24	0.4	350	16
停氮后 15 h	B₄ 进风密闭内	48	0.6	0	18
	B₆ 回风密闭内	42	0.5	80	18
停氮后 38 h	B₄ 进风密闭内	38	1.2	0	18
	B₆ 回风密闭内	36	1.1	60	18

11 月 15 日 15 时,即停氮后 14 h,恢复了火区注氮,注氮 7 h 后,由于空分机的流量计堵塞,因而又停止送氮。停氮时测得火区内气体中一氧化碳已消失,氧降为 0.4%。这次停氮共 81 h,区内一氧化碳和氧仅稍有变化,其一氧化碳含量由停氮时的 0 上升到 $38×10^{-6}$,随后又慢慢下降为 $23×10^{-6}$,氧气由 0.4% 升至 1.2%,说明注氮效果比较理想,为可靠起见,故障排除后,于 11 月 18 日再次恢复注氮。连续注氮 3 d 之后,火区的氧含量降至 0.2%,一氧化碳消失,于是试行停氮观察火区情况,停氮 8 h 后,火区各项指标均无变化,表明火已熄灭,立即启封了火区。火区启封后,工作面各种设备完好无损,5 min 后工作面的氧含量恢复到 20.8% 的正常值,工人进入工作面进行正常生产。火区启封后,在 B₆ 层 1 号架上方空洞原冒青烟处进行了检查,此处温度为 20℃,一氧化碳含量为 0,证明火已熄灭,至此火区封闭注氮灭火共 11 d,实际注氮 5.5 d,第一次注氮量为 29 150 m³,第二次为 3 850 m³,第三次为 39 600 m³,总计为 72 600 m³。

6)旁路式注氮

工作面火灾的威胁来自相邻采空区,而不是工作面后方采空区,可利用与工作面平行的巷道,在其内向煤柱打钻孔对相邻采空区注氮,这是枣庄柴里煤矿总结出的旁路式注氮工艺[193]。采用该工艺可使相邻采空区内注入的氮气不断地扩散,逐渐充满整个采空区,形成氮气惰化带,同时进入工作面后方的采空区内继续惰化,可使相邻的两个采空区均能被惰化,达到防灭火的目的。

（1）枣庄柴里煤矿 2342 综采面概况。枣庄柴里 2342 综放面位于二水平 234 采区东部，西临 2343 综采面一分层采空区，其余三面均为未开采实体煤。采用沿空送巷无煤柱布置，沿 3 下煤层靠底板布置材料道、溜子道和切眼。工作面长 150 m，走向长 740 m，平均煤厚 9.3 m，可采储量 113 万 t。工作面采用一次采全高后退式综采放顶煤，采高 2.8 m，放顶煤高度 5.6 m。工作面设计日推进度 3.6 m，日产量 5 000 t，综放面采用“U”形通风方式。工作面实际供风量 600 m³/min，有效通风断面 9.6 m²，采面风速不低于 1 m/s。

2342 进风巷与 2343 第一分层采空区之间无隔离煤柱，局部因断层的影响已和 2343 采空区边通，使采空区注氮防火具有复杂性。

2342 综放面于 1994 年 9 月 12 日投产，于 10 月 23 日在工作面上隅角老塘内出现 CO，浓度为 34.79×10^{-6}。随着工作面向前推进，CO 浓度继续上升，当工作面推至 2343 一分层工作面材料道联络巷相对位置时，CO 浓度上升到 274.5×10^{-6}，1995 年 3 月 28 日剧增至 712.2×10^{-6}，给综放开采面带来极大威胁。

综合分析 CO 出现的时间、与开采位置之间的关系、浓度上升的特点，说明 CO 的出现不仅在于 2342 工作面本身，更重要的是和相邻 2343 工作面采空区有关，通过漏风测定也证实了这一点。

（2）防火注氮孔位置。注氮孔位置的设置要考虑到防火效果和服务期限。注氮孔有效服务期限应等于 2342 综放面开采期限。经方案比较与分析，“旁路式”注氮孔选定在 2343 采空区锋采线附近第二道密闭 T_2。

经旁路式注氮孔向 2343 采空区注入氮气，并不断地扩散，逐渐充填整个采空区，形成广阔的氮气惰化带，同时进入 2342 综放面采空区，使相邻两个采空区均被惰化。图 6-33 为柴里煤矿 2342 工作面旁路式注氮惰化示意图。

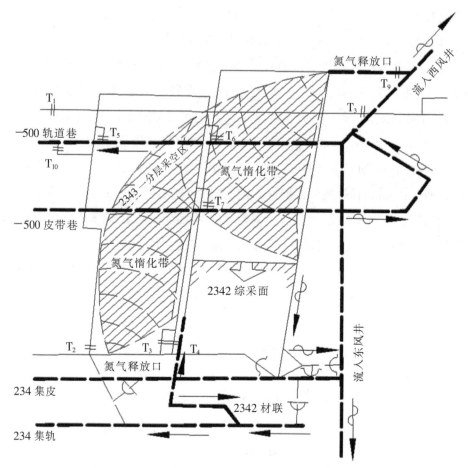

图 6-33　柴里矿 2342 工作面采空区旁路式注氮示意图

按照柴里矿自燃发火的一般规律,工作面开切眼及两道是易自燃带,为此,在实施旁路式注氮的同时,另选 2342 切眼联络巷密闭为辅助注氮孔,进行注氮防火。通过该孔注氮,既能惰化采空区,又能使采空区外部漏风通道失效。

(3)防火注氮量。"旁路式"注氮初期注氮量等于相邻采空区的空隙体积。经计算,2343 采空区空隙体积为 $28×10^4 \text{ m}^3$。充满以后的正常防火用注氮量,主要取决于采空区外部漏风主通道的畅通程度。采取均压、堵漏等防漏风措施之后,其整个采空区漏风甚少,因而对惰化所需的氮气补给量也随之减少,取 $80\sim150 \text{ m}^3/\text{h}$。

开切眼密闭注氮主要以惰化采空区后部为目的,所需注氮量较少,取$50 \sim 150 \ \text{m}^3/\text{h}$。

(4)注氮效果。无煤柱综采放顶煤开采2342工作面,自1995年7月12日实施"旁路式"注氮工艺,至1995年8月31日累计注入氮气$40.1 \times 10^4 \ \text{m}^3$,取得了显著的防火效果,使该面得以顺利开采。

根据采空区气体监测数据的综合分析,"旁路式"注氮防火效果主要表现在以下几个方面。

①相邻的2343采空区主要自燃威胁点得到有效惰化,自燃高温逐渐消除,2342工作面回风隅角CO浓度明显下降,均小于20×10^{-6}。

②有效惰化后,CO浓度下降迅速。"旁路式"注氮初期,工作面上隅角老塘CO不仅不下降,反而上升,这说明虽然已注入氮气,采空区仍然继续加速氧化,当采空区氧气浓度降到10%后,CO浓度迅速下降到20×10^{-6}以下。

③根据采空区不同位置钻孔气体取样分析结果,氮气惰化带较好地覆盖了氧化自燃带,消除了自燃的可能性。

④"旁路式"注氮的氮气释放口在漏风主通道的进风侧,氮气能够向采空区各个部位渗透,惰化覆盖面广,提高了惰化效果。

3. 注氮工艺系统

1)注液氮工艺系统

液氮防灭火,即利用地面氮气厂制成的液态氮进行防灭火工作,且液氮主要用作灭火。液氮在大气压力($101\ 325 \ \text{Pa}$)下受热汽化成0℃氮时,其体积将膨胀643倍;汽化成25℃气态氮时,将膨胀700倍[194-195]。

注液氮有两种方式,一是直接向采空区或火区中注入液氮防灭火,二是先将液氮汽化后,再利用气氮防灭火。

直接利用液氮防灭火。液氮可由制氮厂铺设管道送到矿井,也可用专用运输设备——液氮槽车将液氮送到使用地点,再将其注入密闭的火区。输氮管道应采取防止冷缩和冷脆的措施,以防管路破裂。直接向防灭火区注洒液氮主要有三种工艺系统:①通过集中钻孔和巷道内管路将液氮输到防灭火区。②在地面将液氮装入矿车型槽车中,将其送入井下火区附近,再接上较短的管路(镍合金钢管),将液氮直接喷入火区。③当防灭火区域接近地表时,可由地面直接向该区域打钻，从地面通过钻孔向防灭火区注液氮。选择注氮口位置时，应注意使其位于漏风风流的入口，借助漏风压差将气化后的氮气带到火源点以及火区各处。最初注氮时强度要大，以镇压火源，然后再逐步降低注氮强度，使火区继续惰化，直至火完全熄灭并冷却下来。

液氮气化后防灭火是先将液氮气化，然后再利用氮气防灭火，相对于直接利用液氮防灭火来讲，用得更为普遍。实际应用时有下面两种具体方法：①在地面将液氮注入蒸发器，液氮在蒸发器中被加热气化成 283 K（10℃）或稍高温度的气态氮，然后通过管道将气氮送到井下，并用于井下防灭火工作。井下防灭火的具体方法和工艺与气氮防灭火相同。气化液氮用的蒸发器有多种形式和规格，常用的有蒸汽加热的蒸发器、丙烷加热的水浴蒸发器和油加热水浴蒸发器等。②在地面将液氮装入矿车型槽车中，然后送到井下的使用地点，将液氮注入气体灭火装置的扩散型冷却器中。在冷却器中，氮气与气体灭火装置产生的惰性气体相混合，最后，由喷嘴将含有氮气的混合惰气喷射到火区中。

2）注气氮工艺系统

煤矿用氮气一般采用空气作为原料，通过空分制氮设备将分离出来的氮气送至矿井注氮管路，并通过管路不断地送至各注氮地点进行注氮防灭火。

如今煤矿上所采用的注氮防灭火系统，仍然以地面固定式为主。但是，随着科技的进步和制氮设备的发展，越来越多的井下移动式制氮设备应用到煤矿防灭火中。由于深冷空分制氮设备本身的限制，即占地面积大、设备复杂等，使得其很难发展成为井下移动式，因此，井下移动式制氮多采用变压吸附和膜分离这两种方式，井下移动式制氮设备的应用使得煤矿井下的防灭火工作更加方便快捷。

（1）回采工作面采空区注氮

当自然发火危险主要来自回采工作面的后部采空区时，应该采取向本工作面后部采空区注入氮气的防火方法。对采用 U 形通风方式的采煤工作面，应将注氮管铺设在进风顺槽中，注氮释放口设在采空区氧化带内，如图 6-34 所示。注氮管的埋设及氮气释放口的设置应符合以下要求。

①注氮管路应沿进风顺槽外侧铺设，氮气释放口应高于底板，以 90°弯拐

向采空区,与工作面保持平行,但注氮孔口不可向上,并用石块或木垛等加以保护。

②氮气释放口之间的距离,应根据采空区"三带"宽度、注氮方式和注氮强度、氮气有效扩散半径、工作面通风量、氮气泄漏量、自然发火期、工作面推进度以及采空区垮落情况等因素综合确定。第一个释放口设在起采线位置,其他释放口间距以 30 m 为宜。当工作面长度为 120~150 m 时,注氮口间距一般为 30~50 m[196]。

③注氮管一般采用单管,管道中设置三通。从三通上接上阀门、短管进行注氮。

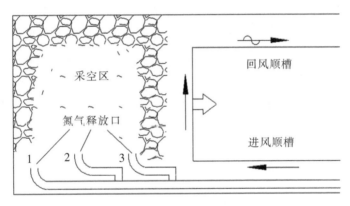

图 6-34　注氮口埋设及释放口位置

(2)工作面相邻采空区注氮

工作面在生产过程中,当自然发火的危险不是来自其后部采空区,而是其相邻区段的采空区时,则应对其相邻采空区注氮防火,以保证本工作面的安全回采。当本工作面是推进速度比较快的综放或综采工作面,与之相邻的又是综放工作面采空区时,往往就是这种情况。

对生产工作面相邻的采空区注氮即前面讲述的旁路式注氮,其方法比较简单,就是在生产工作面与采空区相邻的顺槽中打钻,通过向已封闭的采空区插管来进行注氮。注氮数量的确定原则是:充分惰化靠近生产工作面一侧的采空区,在靠近生产工作面的采空区侧形成一条与工作面推进方向平行的惰化带。

4. 防止氮气泄漏的措施

氮气具有气体共同的性质——扩散性。根据气体扩散原理,浓度差是扩散的推动力。而注入采空区内的氮气要达到防灭火的目的,根据《规程》规定,其浓度应不低于97%,因此,不可避免地将出现采空区氮气向工作面和两巷扩散的现象。这样,由于氮气泄漏导致采空区氮气浓度降低,从而对采空区防火不利;另一方面,泄漏到工作面及两巷的氮气将污染工作面环境,造成人员的窒息或者瓦斯事故的发生。所以,必须做好防止采空区氮气泄漏的安全措施。

通常,防止采空区氮气泄漏的方法是对采空区及进、回风巷道特别是进风巷道一侧进行封堵。封堵的材料有聚氨酯、脲醛泡沫树脂以及黄泥等。在工作面后部通往采空区的进、回风巷道中,每前进 5 m 至少应封堵一次。经测试,喷涂脲醛泡沫树脂进行封堵漏风,氮气泄漏量可减少 30% ~ 40%[195]。

此外,均压措施也用来防止氮气泄漏。均压措施是利用开区均压的原理,降低工作面两端(即进、回风侧)压差,从而减少漏风。

四、注氮技术参数

注氮管路压力、管路直径、注氮量、注氮位置等注氮参数的合理确定对保证注氮防灭火技术效果具有重要意义,而确定注氮参数的首要条件是正确分析氮气在采空区的运移和浓度分布规律。

1. 氮气在采空区内的运移规律

煤岩体中有许多没有被固体骨架占据的空间,称为空隙空间,包括孔隙、空隙和裂隙,因此,煤也是一种多孔介质[197]。采空区是由垮落的岩石、浮煤以及其间的空隙组成的空隙介质。在采空区中,从工作面漏入的风流、从煤及煤岩中逸出的瓦斯气体以及浮煤低温氧化自燃过程中产生的气体共同组成了采空区内的风流组分,在这里统称为采空区气体。当采空区内注入氮气时,氮气在采空区内的扩散运动包括对流扩散、紊流扩散和分子扩散[198],最终构成采空区内的氮气浓度分布规律。

对于通风方式为一源一汇的回采工作面来说,氮气的运移规律比较简单。

即氮气从释放口出来后,在注氮压力的作用下,将沿释放口的径向向外扩散,超出氮气压力的影响范围后,氮气将沿漏风风流方向移动,最终从回风侧漏出。对于一源一汇的采空区,注氮口往往布置在采空区进风侧氧化带,在氮气的作用下,氮气影响区(主要是氧化带区域)内的氧气浓度下降。在工作面回采方向上,注氮口附近的氧气浓度下降幅度最大;在工作面推进方向上,氧化带内的氧气浓度下降幅度最大,散热带的氧气浓度下降幅度次之,它们之间的比例视注氮强度和采空区漏风强度的不同而异;在采空区垂直方向上,顶板处的氧气浓度下降略高于底板处,这是由氮气密度略低于空气而上浮的效应所致。

通过理论研究和实验研究[199],得到注氮后氮气在采空区流动的规律:注入采空区的氮气运移从注氮点开始有一个主运动方向,并不断向四周蔓延,且在注氮蔓延范围内,各点的氮气浓度逐渐增加直至达到最大值,其中以注氮点附近氮气浓度值最大。在抚顺龙凤矿综放开采条件下,采空区氮气浓度分布的实验结果表明[200],氮气在采空区内大体上可划分为上、中、下三个气相区域:①下部为 N_2-CO_2 区域。这是二氧化碳的密度大,而且注氮释放口布置在采空区的下部的缘故。②中部为 N_2-CH_4 区域。说明注入采空区中氮气不仅存在沿主运动方向上的纵向扩散,而且存在沿垂直于氮气主运动方向上的横向扩散。③上部为 CH_4-N_2 区域。说明采空区内的瓦斯有明显的上浮效应。以上结果只是对特定条件下的试验和认识,而对于一般条件下的采空区氮气浓度分布规律还有待于不断的研究和探索,以提高注氮效果。

对于多源多汇的工作面采空区,氮气的运移规律比较复杂,主要取决于氮气释放口的位置和采空区漏风风流的状况。

有效的注氮和氮气运移的结果使采空区氧化带的范围缩小或前移。采空区氧化带范围的缩小很显然对采空区防灭火具有最直接的作用,而采空区氧化带范围的前移也对采空区防灭火具有极其重大的意义。采空区氧化带的前移,可使采空区遗煤在最适合氧化的环境中所处的时间缩短,这样就有可能在煤自然发火期内将其推入窒息带中,从而避免采空区遗煤的自然发火。

2. 各注氮参数计算方法

1) 注氮管路压力损失计算

输氮管中的沿程摩擦阻力,即压力损失可用下式计算[201]:

$$\Delta p = R_{0.15} \cdot L = 0.011\ 63\ V^{1.895} \cdot L/D^{1.217} \tag{6-10}$$

式中:$R_{0.15}$——当量绝对粗糙度为 0 mm 时,每米管路的压力损失(即比摩阻),Pa/m;

V——管道内氮气的平均流速,m/s;

D——管路直径,m;

L——管路长度,m。

依据《煤矿用氮气防灭火技术规范》[202],地面、井下制氮设备的供氮压力,可按式(6-12)中的供氮压力公式计算,其管路末端的绝对压力应不低于0.2 MPa。

根据以上公式,结合注氮管路的实际情况,可以计算出氮气在管路输送过程中的压力损失。再根据注氮区域的压力需求,及时调整氮气出口的压力,使其符合矿井注氮区域的需要。

2) 管路直径计算[202]

管路直径的选择应满足以下两个条件:一是在正常时期进行注氮时,管路直径必须满足注氮时的最大流量;二是氮气出口的压力要高于注氮区域的压力,使注氮区域始终处于正压状态。

因此,在满足以上两个条件的要求下,注氮管路的直径可按下式进行计算:

$$D = 1\ 000(4Q_{max}/\pi V)^{0.5} \tag{6-11}$$

式中:D——管路最小直径,mm;

Q_{max}——正常时期的最大注氮量,m³/s;

V——管道内氮气的平均流速,通常 10 m/s<V<15 m/s,取 V = 12 m/s。

输氮管路的直径应满足最大输氮流量和压力的要求。供氮压力能否满足要求,《煤矿用氮气防灭火技术规范》中也对注氮管的直径给出了一个计算公式:

$$p_1 = \left[0.005\,6 \left(\frac{Q_{max}}{1\,000} \right)^2 \sum \left(\frac{D_0}{D_i} \right)^5 \left(\frac{\lambda_i}{\lambda_0} \right) L_i + p_2^2 \right]^{0.5} \tag{6-12}$$

式中：p_1——供氮的绝对压力，MPa；

$\quad p_2$——管路末端的绝对压力，MPa；

$\quad Q_{max}$——最大输氮流量，m^3/h；

$\quad D_0$——基准管径，150 mm；

$\quad L_i$——相同直径管路的长度，km；

$\quad \lambda_0$——基准管径的阻力损失系数，0.026；

$\quad \lambda_i$——实际输氮管径的阻力损失系数，对于不同的钢管直径，则有如表6-9的关系。

表6-9　钢管管径与阻力系数之间的关系

管径 D_i/mm	70	80	100	150	200	250	300	400
阻力系数 λ_i	0.032	0.031	0.029	0.026	0.024	0.023	0.022	0.020

3）注氮量的计算方法

（1）采空区防火耗氮量的计算。采空区防火耗氮量，分别按产量、吨煤注氮量、瓦斯含量、采空区氧化带内氧含量计算，最后求出最大值，并按作业场所氧浓度核算。

①按产量计算。按产量计算的方法，实质上就是由注入氮气充满采煤空间体积，且其氧气浓度降低至惰化指标需要的耗氮量，可按下式计算：

$$Q_N = \frac{A}{1\,440\rho \cdot T \cdot \eta_1 \cdot \eta_2} \left(\frac{C_1}{C_2} - 1 \right) \tag{6-13}$$

式中：Q_N——注氮流量，m^3/min；

$\quad A$——年产量，t；

$\quad T$——年工作日，取 300 d；

$\quad \rho$——煤的视密度，t/m^3；

$\quad \eta_1$——管路输氮效率，可取 0.9；

$\quad \eta_2$——采空区注氮效率，可取 0.55；

$\quad C_1$——空气中的氧气含量，可取 20.8%；

C_2——采空区防火惰化指标,可取氧气含量7%。

②按吨煤注氮量计算。此法计算是指综放面(综采面)每采出 1 t 煤所需的防火注氮量。根据国内外的经验,每吨煤需 5 m³ 的氮气量。可按下式计算:

$$Q_N = 5 \times \frac{A}{300 \times 60 \times 24} \cdot k \qquad (6\text{-}14)$$

式中:k——采煤产量占总产量的比例。

③按采空区氧化带氧浓度计算。此种计算方法的实质是将采空区氧化带内的原始氧浓度降到防灭火惰化指标以下,此方法较合理,符合注氮防火的实际情况。可按下式计算:

$$Q_N = [(C_1 - C_2)Q_V]/(C_N + C_2 - 1) \qquad (6\text{-}15)$$

式中:Q_V——采空区氧化带漏风量,m³/min;

C_1——采空区氧化带内初始氧含量(取平均值),%;

C_2——注氮防火惰化指标,可取 7%;

C_N——注入氮气中的氮气纯度,%。

④按瓦斯含量计算:

$$Q_N = QC/(10 - C) \qquad (6\text{-}16)$$

式中:Q——综放面(综采面)通风量,m³/min;

C——综放面(综采面)回风流中的瓦斯浓度,%。

⑤将以上四种计算结果取最大值,再结合矿井的具体情况考虑 1.2~1.5 的安全备用系数,即为采空区防灭火时的最大注氮流量。根据国内外经验,防火注氮量一般为 5 m³/min。

(2)火区灭火耗氮量计算。采空区或巷道火灾灭火所需的耗氮量,主要取决于火区的规模、火源的大小、燃烧时间的长短、火区漏风量等诸因素。

①救巷道明火所需的耗氮量。巷道火灾绝大部分是外因火灾,火势发展快、危险性大,易酿成恶性事故,应迅速扑灭。扑救巷道明火所需注氮量至少为巷道空间体积的 3 倍以上[203]。

②扑灭采空区火灾所需的耗氮量。扑灭采空区火灾,在灭火工艺上要比处理巷道火灾复杂得多,而且扑灭火灾所需耗氮量也相当多。按漏风量考虑,

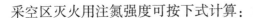

采空区灭火用注氮强度可按下式计算：

$$q \cdot t = v\left(\frac{C_2 - C_1}{C_1}\right) + Q_1 \cdot t \cdot \frac{C_1}{C_2} \tag{6-17}$$

式中：q——注氮强度，m^3/h；

　　Q_1——火区漏风量，m^3/h；

　　v——火区体积，m^3；

　　t——注氮时间，h；

　　C_1——氮气纯度；

　　C_2——氮气惰化指标，可取97%。

根据上式，当火区内氮气浓度达到惰化指标，即 $C_1 = C_2$ 时，则氮气补给量与火区的氮气泄漏量持平即可。

根据国内外经验，灭火注氮量，原则上是最初强度要大，将火势压住，然后逐渐降低注氮强度。若回风敞口，注氮量不得小于 9.2 m^3/min；全封闭时，可控制在 8 m^3/min。

第四节　阻化剂防灭火

阻化剂是阻止煤炭氧化自燃的化学药剂[204]，又称阻氧剂。阻化剂防火技术是利用某些能够抑制煤炭氧化的无机盐类化合物如氯化钙（$CaCl_2 \cdot 6H_2O$）、氯化镁（$MgCl_2 \cdot 6H_2O$）、氯化铵（NH_4Cl）、水玻璃（$xNa_2O \cdot ySiO_2$）等喷洒于采空区或压注入煤体之内以抑制或延缓煤炭的氧化，达到防止煤炭自燃的目的。

一、阻化剂概况及防火原理

1. 概况

1966 年美国一篇专利报道，采用亚磷酸脂（含量 50%～80%）和二羟三烷基醌（含量 15%～50%）两种药剂混合阻止煤的氧化最为有效。1969 年硬化阻化剂诞生,它由 $MgCl_2$、MgO 和浆土组成,其中硬化剂液体的密度超过 1.22,并用高分散性的矿渣或其他增厚剂(能增加胶乳黏度的物质)充当稳定剂。将此种溶液注入煤、岩层裂隙中能与煤、岩体很好地胶结、硬化固结,从而阻止空气的漏入,阻止煤的氧化。1975 年美石膏公司发明一种阻止煤堆自然发火的喷涂式阻化剂 Aertsol,它是用天然石膏($CaSO_4 \cdot 2H_2O$)煅烧除去结晶水后的粉状物,经试用效果明显。

1970 年,联邦德国使用氯化钙($CaCl_2$)粉末对一个有自燃危险的采空区处理后,未发生自燃。1975 年,在豪斯阿登煤矿利用阻化剂浆液($MgCl_2$:3.2%、$CaCl_2$:16.8%、$Mg(OH)_2$:10% 和 70% 的水)成功地扑灭了一次自然发火,$MgCl_2$、$CaCl_2$ 被视为良好的阻化剂。

我国最早研究阻化剂的是抚顺煤科分院,从 20 世纪 70 年代开始,他们就做了大量的实验室与现场研究,在实验室内建立了褐煤、烟煤、高硫煤的氧化阻化装置,分别对各种阻化剂的阻化效果,各种煤经处理后的变化情况,以及阻化机理等问题作了研究,初步确定了适合我国不同煤种的新型阻化剂,并且在辽宁平庄、沈阳西矿区进行了井下防火工业性试验。80 年代后在辽宁抚顺、新疆乌鲁木齐、山东兖州、枣庄等矿区利用阻化剂防火也取得了较好的效果。进入 90 年代,进一步开发了汽雾喷洒工艺及新型阻化剂[205-206],扩大了阻化物质的渗透能力和范围,提高了防火效果。目前阻化剂防火技术已在我国几十个矿井单独使用,或者与其他防灭火措施配合使用。

2. 阻化剂防火原理

采用阻化剂防火已经取得了初步成效,并在我国较广泛应用,但是对阻化剂防止煤炭自燃的机理研究还未形成一致的共识,目前有三种学说:①吸水盐类的液膜隔氧学说;②提高反应物之间活化能的副催化学说;③封闭煤间裂隙、减少漏风及副催化作用结合的凝胶阻燃学说。其实,从煤氧化自燃的基-链式反应过程来看,可以说是多种因素综合作用的结果。而目前使用的阻化剂主要是一些吸水性很强的有机盐类,当它们附着在煤粒的表面时,吸收空气中的水分,在煤的表面形成含水液膜,从而阻止了煤与氧的接触,起到了隔氧阻化作用。所以,从微观的角度来说,吸水盐类对煤样的阻化作用,主要是由于阻化剂与煤分子发生取代作用和络合作用而生成稳定的链环,提高了煤与氧化合的活化能,增加了煤分子的稳定性,抑制了煤分子的氧化断裂[207],从而阻止或减缓煤自燃过程。此外,这些吸水性能很强的盐类能使煤体长期处于含水潮湿状态,水在蒸发时的吸热降温作用使煤体在低温氧化过程中温度不能升高,也起到了抑制煤炭自燃的作用。煤的外在水分是一种良好的阻化剂,随着煤的外在水分增加,阻化效果也增强;当煤中的外在水分蒸发减少到某一限度之后,阻化作用将转变为催化作用,能够促进煤的氧化自燃。由于水分的蒸发,在煤体上阻化液形成的液膜因失水而破裂,将起不到隔氧、降温的作用。所以,只有吸收大量水分的阻化剂在煤体上形成液膜才能起到阻化作用[208]。

综上所述,阻化剂阻化防火机理主要可总结为以下几个方面。

(1)隔绝煤与氧气的接触。阻化剂一般是具有一定黏度的液体或者液固混合物,能够覆盖包裹煤体,使煤体与氧气隔绝。

(2)保持煤体的湿度。阻化剂一方面含有水分,并且一些阻化剂具有吸收空气中的水分使煤体表面湿润的功能,这样煤体的温度在有水分的作用下就不容易上升。

(3)阻化剂作为一种化学成分,加入煤的自由基链式反应过程中,生成一些稳定的链环(也有学者提出是与煤分子发生取代或络合作用),提高煤表面活性自由基团与氧气之间发生化学反应的活化能,使煤表面活性自由基团与氧气的反应迅速放慢或受到抑制,从而起到阻止煤炭自燃的作用[209-210]。

(4)加速热量的散失,这表现在两个方面:一方面阻化剂本身导热性相对于煤体,特别是破碎的煤体要好;另一方面是阻化剂内水分的蒸发要吸收大量的热。

从上面几个方面可以看出,阻化剂防火实际是进一步扩大和利用了以水防火的作用,阻化剂离开了水,其阻化作用也就消失。

二、阻化剂的评价指标及其影响因素

1. 阻化剂的评价指标

阻化剂的评价指标包括阻化率和阻化衰退期。

1)阻化率

煤样在阻化处理前后放出的 CO 量的差值与未经阻化处理时放出的 CO 量的百分比称为阻化率(E),即

$$E = \frac{A - B}{A} \times 100 \qquad (6\text{-}18)$$

式中:E——阻化率,%;

    A——煤样未经阻化处理时,在温升(100℃)实验中通入净化干燥空气(160 mL/min)时放出的一氧化碳(CO)的浓度,$\times 10^{-6}$;

    B——煤样经阻化处理后,在上述相同条件下,放出的 CO 的浓度,$\times 10^{-6}$。

在阻化率定义中,以 100℃作为测定时的标准温度,这种方法存在一定的不足之处[211]:第一,在 100℃情况下,在有氧环境下,煤氧化释放 CO 产生量是随着时间增加的;第二,阻化剂对煤自燃阻化不是仅仅在某一温度下起作用,而是对整个煤自燃过程都有阻化作用,并且在不同温度和时间段,其阻化效果和起阻化作用的机理是不相同的。

高硫煤的阻化率是以阻化处理前后煤样在 180℃时放出的 SO_2 量的差值与原煤样放出的 SO_2 量之比的百分率来确定的,其计算公式与上式相同。

阻化率测定原理:即煤样在正常通风条件下,经阻化剂阻化处理前后放出的 CO 量的差值,与未经阻化处理时放出的 CO 量差值,两值的比值即为该阻化剂的阻化率。

根据标准的规定[204],阻化率的测定所需仪器设备包括以下几部分:①检验装置,如图 6-35 所示;②圆盘粉碎机;③标准筛,孔径为 0 mm~0 mm;④鼓风干燥箱;⑤托盘天平,感量为 0.5 g;⑥实验室常用玻璃器皿。

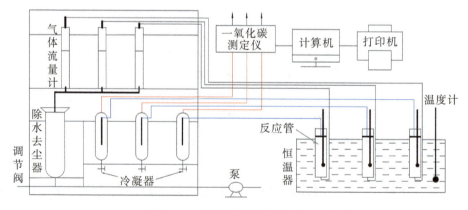

图 6-35　阻化剂检验装置示意图

阻化率的测定分两个阶段进行:准备阶段和检验阶段。准备阶段包括原煤样的制备、阻化剂水溶液的制备(水溶液浓度为20%)和阻化煤样的制备。待准备工作完成之后,即可对阻化率进行测定,其过程如下:将称取的原煤样25 g±0.5 g和已制备好的阻化煤样分别装入反应管中,盖好连接塞,用玻璃糊糊密封连接处。把两个反应管同时放入恒温器中,用乳胶管连接检验系统,检查系统气密性。以100 mL/min的流速通入空气,恒温器以2.5℃/min的速率升温,同时启动计算机待命。当原煤样产生CO气体体积浓度达到3×10^{-6}时,计算机开始自动采样(1次/min)记录。恒温器升温至100±1℃时保持,每次共检验150 min。最后打印曲线和阻化率总体计算结果。同一试样的检验平行误差在±3%之内。

近年来,新的阻化剂产品不断推出,突破了以往经常使用的吸水盐类阻化剂的限制,新型阻化剂的阻化率也不断增加,如北京科技大学研制的高分子高聚物阻化剂,在实验室进行测定,90℃时,阻化率高达100%;110℃时,阻化率也在85%以上[212]。

阻化率表示阻化剂阻止煤炭氧化的能力,阻化率越大,该阻化剂阻止煤炭氧化的能力越大。但并不是阻化率高的阻化剂一定有很好的效果,还需要另一个参数——阻化衰退期即阻化寿命来进一步确定。

2)阻化衰退期(阻化寿命)

煤炭经阻化处理后,阻止氧化的有效日期为阻化衰退期,也称为阻化剂的阻化寿命。阻化剂的阻化寿命越长,其阻化率下降的速度越慢。

阻化剂的阻化寿命检验与阻化率检验步骤基本相同,但阻化煤样的制备有所不同[204]。每次检验要进行300 min,然后打印曲线,计算阻化寿命。

从上述两个技术参数可知,理想的阻化剂应为阻化率高、阻化寿命长的阻化剂。阻化剂对煤的自燃只能起抑制、延长发火期的作用,而且有一定的时间界限。所以,阻化剂防火不是一劳永逸的措施,应在其阻化寿命结束前补注阻化剂(或采用其他措施,如采取注水措施)来维持其阻化功能。

2. 阻化剂效果的影响因素

阻化剂的效果与煤种、阻化剂的溶液浓度和使用的工艺有关。

1）煤质（煤种）

煤的种类对阻化剂有一定的选择性,如水玻璃和氢氧化钠对含硫较高的煤的阻化效果较好,碱土金属的氯化物,如氯化锌、氯化镁等对非高硫煤的阻化效果较好。另一方面,浓度相同的阻化剂对不同的煤有不同的阻化效果。

表 6-10 为不同煤种较理想的阻化剂类型及其参数[213]。

表 6-10 不同煤种的阻化剂类型及参数

褐煤			褐煤		
最适阻化剂	浓度/%	阻化率/%	最适阻化剂	浓度/%	阻化率/%
工业氯化钙	10	70~80	工业氯化钙	10	60~70
	20	75~90		20	70~90
卤块、片、粒	10	50~60	卤块、片、粒	10	50~60
	20	60~80		20	60~80
气煤			高硫烟煤		
最适阻化剂	浓度/%	阻化率/%	最适阻化剂	浓度/%	阻化率/%
工业氯化钙	10	40~50	水玻璃	10	80
	20	45~60		20	90
卤块、片、粒	10	40~50	卤块、片、粒	10	80
	20	45~60			

2）阻化剂的溶液浓度

阻化剂的阻化效果与阻化剂的浓度密切相关。实验表明：10% 浓度的 $MgCl_2$ 在实验温度 100℃时的阻化率为 36.2%,20% 浓度在实验温度 100℃时阻化率为 51.75%[214]。因此在使用阻化剂防火时,应该注意其使用浓度。

3）工艺过程

理论和实践都表明,煤体压注比表面喷洒的效果要好。前者,在高压的作用下阻化剂的溶液可以渗透至孔隙内部;后者只能润湿煤块的表面。

三、阻化剂的选择及其参数的确定

1. 阻化剂的选取

目前国内外使用的阻化剂种类很多,种类繁多的阻化剂给煤矿的使用提供了更多选择的余地,但是,煤矿对阻化剂的选择必须采取谨慎的态度。阻化剂选择的好坏,不仅影响阻化效果和经济效益,而且对井下安全也有重要的影响。在选择阻化剂时,应综合考虑以下5个方面。

(1)阻化率要高。阻化率是衡量阻化剂阻化效果的一个重要指标。阻化率值愈大,阻止煤炭氧化能力愈强。因此,阻化率是阻化剂选择的重要指标。

(2)阻化衰退期要长。阻化衰退期即煤炭经阻化处理后,阻止氧化的有效日期,也称为阻化剂的阻化寿命。从此可以看出,寿命与阻化率有密切关系。阻化剂的阻化率高,阻化寿命长,是理想的阻化剂。阻化率虽高,但抑制煤的氧化的时间很短,即阻化寿命短,则不能认为是良好的阻化剂。因此,在选择阻化剂时,既要考虑阻化率,也要考虑阻化寿命长。

(3)安全性好,费用低。选择的阻化剂及其溶液应是无毒、能防止在灭火过程中可能发生的瓦斯爆炸,并不污染井下环境,且费用又较低。

(4)来源可靠,供应充足,运输方便。井下采用的阻化剂防灭火,其用量较大,因此来源必须可靠,供应充足,否则要贻误生产。另外,运输距离也不能过远,而且要方便,否则会增加吨煤成本。所以,在综合考虑阻化率、来源可靠、运输费用及成本等方面的同时,应优先就地就近生产的阻化剂。

(5)对井下设备、设施腐蚀性小。酸碱物质溶液对井下设备、设施的腐蚀作用不可忽视。为保证设备、设施安全正常运转、维修量小,延长使用寿命,要尽量选用腐蚀性小的阻化剂。

目前,国内外主要使用的阻化剂为吸水盐类阻化剂,如氯化钙($CaCl_2$)、氯化镁($MgCl_2$)等,该类阻化剂阻化效果好、价格便宜且储运方便。

2. 阻化剂参数的确定

1)阻化剂溶液的浓度

阻化剂的浓度是影响防火效果和工作面吨煤成本的重要参数,可用下式计算:

$$\rho = \frac{T}{C} \times 100\% = \frac{T}{T+V} \times 100\% \qquad (6\text{-}19)$$

式中:ρ——阻化剂溶液浓度,%;

$\quad C$——阻化剂溶液量,kg;

T——阻化剂量,kg;

V——用水量,kg。

阻化剂溶液的浓度是影响阻化效果和吨煤成本的重要因素。在保证阻化效果和阻化剂寿命的前提下,应尽量降低其浓度,浓度应根据煤的自然发火通过实验确定。

2)工作面喷洒量

遗煤的吸收阻化剂溶液的数量,称为遗煤吸液量。阻化剂的喷洒量取决于遗煤的吸阻化剂量和丢失煤量。工作面上、下隅角、停采线附近以及巷道煤柱破碎堆积带等重点防火区域,要增加喷洒阻化剂量,即在计算阻化剂的喷洒量时,应考虑一个富裕系数。

工作面一次喷洒阻化剂量可按下式计算:

$$V = K_1 \cdot \gamma_c \cdot L \cdot S \cdot h \cdot A/\gamma \tag{6-20}$$

式中:V——回采工作面一次喷洒阻化剂的阻化剂量,m^3;

K_1——易自燃部位阻化剂液喷洒富裕系数,一般取 1.2;

γ_c——采空区遗煤容重,t/m^3;

L——工作面长度,m;

S——一次喷洒宽度,m;

h——遗煤厚度,m;

A——遗煤吸阻化剂量,t/t 煤;

γ——阻化液的容重,t/m^3。

遗煤的吸液量与煤的粒度分布、阻化剂溶液的浓度和煤的质量有关。一般是在采空区分段(每 10 m~20 m 一段)采取遗煤样(每段取 4 个)按粒度分级,选出 4 种不同粒度的煤样(0 mm 以下;0~5 mm;5~15 mm;15 mm 以上)。然后分别与 10% 和 20% 浓度的阻化液试验求出其吸液量。煤的粒度越小,吸液量越大;阻化剂溶液浓度越大,煤的吸液量也越大。同时,在用上式计算阻化剂的喷洒量时,应根据采煤方法的不同以及采空区的实际情况增加用量。

关于喷洒阻化剂液量的计算还要考虑采煤方法的不同,厚煤层开采,留有护顶煤时,采空区内遗煤量大,参照上式计算阻化剂量时,要加大遗煤厚度和喷洒长度。分层开采工作面,计算第二分层工作面所需喷洒阻化剂时,要考虑顶板积存的浮煤。另外,除喷洒外,对上分层已形成的高温点要打钻压注阻化剂,其用阻化剂量要根据具体情况增加。

四、阻化剂防灭火工艺

阻化剂防火工艺分三类:一是在采煤工作面向采空区遗煤喷洒阻化剂液防止煤的自燃;二是向可能或已经开始氧化发热的煤壁打钻孔压注阻化液;三是汽雾阻化剂,借助漏风方向向采空区送入雾化阻化剂。

1. 喷洒阻化剂

喷洒阻化剂,即在采煤工作面向采空区或工作面喷洒阻化剂溶液。为此,需建立喷洒系统。喷洒系统一般分为三种形式:临时性喷洒系统、半永久性喷洒系统和永久性喷洒系统。而其中以半永久性喷洒系统使用最为广泛。

如采用喷洒工艺,要在采空区建立半永久性的储液池或专用矿车做成临时性储液池以构成喷洒系统,如图 6-36 所示,该图为简易的工作面喷洒系统示意图。工作面喷洒工艺可采取下列方式进行:把喷洒工作安排在检修期间进行,阻化剂的喷洒以工作面下部为主,上部可喷洒清水,工作面上下喷枪相向喷洒。半永久性的喷洒系统以水泥料石砌筑的储液池代矿车以供使用,其他设备与简易系统相同。

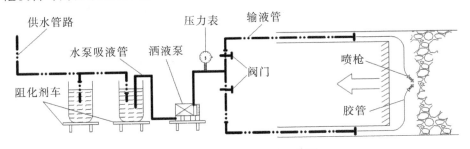

图 6-36　简易喷洒系统示意图

半永久性喷洒系统一般服务于储液池附近的几个工作面;临时性喷洒系统只是用矿车作储液容器代替储液池;而永久性喷洒系统则是在地面或水平大巷建立大容量储液池。永久性喷洒系统可服务于一个水平,临时性喷洒系统服务范围小,但较灵活。

2. 压注阻化剂

为防止煤柱、工作面起采线、停采线等易自燃地点发火,需要打钻孔进行压注阻化剂处理。向煤壁打钻注液可用一般煤电钻打孔,钻孔间距根据阻化剂对煤体的有效扩散半径确定。钻孔深度应视煤壁压碎深度确定,一般孔深2~3 m,孔径42 mm。钻孔的方位、倾角要根据火源或高温点的位置而定。可用橡胶封孔器封孔。压注之前首先将固体阻化剂按需要的浓度配制成阻化剂溶液,开动阻化泵,将阻化剂吸入泵体,再由排液管经封孔器压入煤体。压注阻化液以煤壁见阻化剂即可,一次达不到效果时,可重复几次,直到煤温降到正常为止。在条件允许的情况下,也可将储液池建在上水平,借助静压喷洒或压注阻化液。

3. 汽雾阻化剂

汽雾阻化剂是使阻化液雾化后进入采空区阻止煤氧化、防止采空区煤炭自然发火的技术。汽雾阻化剂以漏风风流为载体将阻化剂液送到易自燃煤体的表面,延长煤的氧化进程,从而达到阻止或延缓煤炭自燃的目的,其主要作用是:

(1)汽雾阻化剂喷射到采空区等漏风地点,使其空间的空气湿度处于饱和状态,潮湿的空气在运动中和煤接触后使大量汽雾覆盖在煤的外表面,其液膜可以抑制煤的氧化;

(2)采空区等漏风氧化自热地点的温度一般都高于附近通风巷道风流中的温度,漏风携带的汽雾可以起到吸热降温的作用,使煤的氧化速度变慢;

(3)向采空区等地点连续喷射汽雾时,势必要占据采空区等漏风区域一部分空间,使这些区域的空气中含氧量减少,其浓度的降低也使煤的氧化速度减慢;

(4)增大煤体的外在水分,减小煤体表面水分的蒸发速度。

向采空区内喷洒雾化阻化剂时,阻化液的配制、输送均在工作面进风巷内完成。阻化液经过输液泵和自动过滤器,在漏风入口处,用汽雾发生器将其雾化,由漏风风流携带雾化的阻化液微粒进入采空区与遗留在采空区的浮煤接触,防止其自燃。图6-37为"Y"形通风工作面采空区喷洒阻化剂布置图。

汽雾阻化剂防火的工艺可根据实际情况的不同,采取不同的方式,但有以下几个工艺方面的要求:①按喷雾方法区分,可采用单点喷雾或多点喷雾;②按喷雾时间区分,可采用连续喷雾或间歇喷雾;③在采空区回风侧漏风地点不宜设置汽雾发生器。

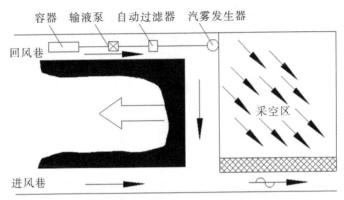

图 6-37　向采空区喷洒阻化剂布置方式

　　为达到汽雾阻化剂防火方面的要求,由汽雾发生器产生的阻化剂汽雾应满足以下几个方面的要求[215]:①雾化率不宜低于 85%;②雾化率超过 85% 时雾滴的最大直径不宜超过 100 μm;③雾滴平均直径不宜大于 15 μm;④小于 100 μm 雾滴的累计重量不宜少于 50%。

　　实施汽雾阻化剂防火时,喷雾量按下式进行计算:

$$V = Q \cdot A \cdot L \cdot \gamma \cdot H \cdot S \qquad (6\text{-}21)$$

式中:V——日喷雾量,m^3/d;

　　　Q——吨煤用液量,m^3;

　　　A——工作面丢煤率,%;

　　　L——工作面长度,m;

　　　γ——实体煤容重,t/m^3;

　　　H——工作面采高,m;

　　　S——工作面日推进度,m。

　　汽雾阻化剂喷洒过程中应注意的事项:

　　(1)在汽雾阻化剂喷洒过程中,应选择合适的喷枪喷嘴,应保证喷枪的压力不低于 10 MPa[214],以确保喷洒的阻化剂雾化后具有较好的随漏风跟随性。

（2）工作面上、下隅角和停采线附近等重点防火区域，要适当加大阻化液的喷洒量，提高该处的阻化效果。

（3）汽雾阻化剂喷洒防火过程中，应对采空区内风流采样，测定其汽雾含量。保证采空区漏风流中汽雾含量不低于 $10~\text{g/m}^3$。

对掘进巷道或煤巷高冒处的自然发火（高位火区）采用黄泥注浆及水无法处理的地点利用汽雾阻化剂灭火效果较好。汽雾阻化剂防火处理的重点位置，是综放工作面下隅角及中间工艺巷等漏风源处，而架间漏风通道可临时喷雾来处理采空残煤。喷嘴的雾化率是雾化效果的关键参数，日喷雾量依采空区丢煤量大小确定。

综上所述，阻化剂防火由于技术工艺系统简单，设备少，防火效果好等优点，在一些缺乏黄土、注浆困难的矿区得到了较广泛的应用。该技术的关键是优选阻化剂、提高阻化剂的阻化率和延长阻化衰退期（阻化寿命）[216]，同时还需进一步完善其工艺设备。

第五节　凝胶防灭火

20 世纪 70 年代，美国矿山局评估了三种密封堵漏材料，评估结果显示胍尔胶凝胶是唯一富有弹性、易于制备、适用于煤矿并且寿命较长的密封堵漏剂，且该凝胶的组分大部分是水，它可以熄灭或冷却其附近的煤炭自燃[218]。1985 年，在俄国，由水玻璃、硫酸铵以及水制成的凝胶溶液被用于矿井采空区的防灭火，取得了较好的防灭火效果[219-220]。

20 世纪 80 年代后期，随着我国煤矿开始广泛采用综采放顶煤开采技术，原有的防灭火技术不能完全满足安全生产的需要，凝胶防灭火新技术应运而生[221-223]。1990 年，西安矿院防灭火课题组和大同矿务局科研人员把凝胶技术应用在煤矿储煤场防灭火，获得较佳效果；随后凝胶技术又被用在井下"综采面""综放面"防灭火，也获得成功，为我国的放顶煤开采提供了一项新技术。1995 年，中国矿业大学研制了凝胶阻化剂，采用水玻璃（$x\text{NaCl} \cdot y\text{SiO}_2 \cdot 2\text{H}_2\text{O}$）加速凝剂混合而成，将其喷洒到采空区后，能够在浮煤表面形成一层保护凝胶层,隔绝煤氧接触,有效封堵了煤的裂隙及采空区的漏风通道,阻止了煤炭的氧化自燃,防火效果优于常规阻化剂[224]。后来,耐温高水胶体[223]和粉煤灰胶体等一些改进后的灭火材料相继在矿井防灭火中获得较广泛使用,在使用效果和节省成本上都较单纯的凝胶材料有很大的提高[223-224]。2003 年,作者根据我国西北地区缺土少水而山沙较多的特点,研制出了具有悬浮稠化作用的新型凝胶——悬沙稠化剂[225],使凝胶防灭火技术内容更为丰富。

一、凝胶及其特性

1.凝胶的定义和特性

胶体是指含分散颗粒的尺寸在 $1\sim100$ nm(1 nm $=10^{-9}$ m)的水溶液。在适当的条件下,溶胶或高分子溶液中的分散颗粒相互联结成为网络结构,水介质充满网络之中,体系成为失去流动性的半固体状态的胶冻,处于这种状态的物质称为凝胶。

凝胶是胶体的一种特殊存在形式,是介于固体与液体之间的一种特殊状态,它既显示出某些固体的特性,如无流动性,有一定的几何外形,有弹性、强度和屈服值等,又保留某些液体的特点,例如离子的扩散速率在以水为介质的凝胶中与水溶液中相差不多。

2.凝胶的种类

根据制备凝胶基料化学性质的不同,凝胶主要可分为有无机凝胶和有机凝胶两大类。

1)无机凝胶

无机凝胶主要由基料、促凝剂和水按照一定比例配制成水溶液,发生凝胶作用而形成,胶体内充满着水分子和一部分其他物质,硅凝胶起框架作用,把易流动的水分子固定在硅凝胶内部。成胶的过程是一个吸热过程。对于由两种原料在水中经过物理或化学作用形成的胶体,通常把主要成胶原料称为基料,把促成基料成胶的材料称为促凝剂或胶凝剂。基料和促凝剂按照一定的比例配制成水溶液。矿井防灭火常用的硅凝胶,水玻璃是基料,碳酸氢铵或硫酸铵或铝酸钠为促凝剂。无机凝胶存在失水后会干裂、粉化和灭火后的火区易复燃的不足。防火时,基料 8%~10%,促凝剂 3%~5%;灭火时,基料 6%~8%,促凝剂 2%~4%。成胶时间由基料和促凝剂的比例而确定,一般基料与促凝剂在水溶液中的比例越大,成胶时间越短。当基料为 90~100 kg/m³ 时,成胶时间为 7~8 min,促凝剂为 20 kg/m³;成胶时间为 3~4 min 时,促凝剂比例为 30 kg/m³;成胶时间为 25 s 时,促凝剂为 50 kg/m³。

促凝剂为碳酸氢铵的凝胶,防灭火性能好,成本低,但碳酸氢铵在低温下容易分解,具有很大的刺激性气味——氨味,对井下工人的健康有危害。采用偏铝酸钠等其他促凝剂,可以避免产生有害刺激性气体,但是形成的凝胶的防灭火性能和稳定性稍差,成本也高一些。

2)有机凝胶(高分子凝胶)

有机凝胶也称高分子凝胶。高分子凝胶是指相对分子质量很高(通常为 10^4~10^6)一类的高分子化合物的溶液。这种高分子化合物吸水能力很强,与水接触后,短时间内溶胀且凝胶化,最高吸水能力可达自身质量的千倍以上。目前用于矿井的高分子防灭火材料以聚丙烯酰胺、聚丙烯酸钠为主要成分。这种胶体材料与水玻璃凝胶相比,使用时仅采用单种材料,使用量小,通常为 0.3%~0.8%,在井下使用方便,且对井下环境无污染。这种胶体附着力强,可充分包裹煤炭颗粒,隔绝与氧气的接触。高分子凝胶材料的不足在于其成本较高,且吸热与成胶能力均不如由水玻璃与碳酸氢铵构成的铵盐凝胶。

二、凝胶防灭火技术

凝胶防灭火技术是将基料、添加剂与水按一定比例混合,然后用泵(或注浆系统)压注到煤层发火部位,先使注入口附近火源表面降温,在泵压和自重作用下,混合液体渗入煤体裂隙和微小孔隙中,在发火部位形成凝胶或胶体,阻断氧扩散,阻止煤体继续氧化放热,进而降低煤体内部温度,从而达到防灭火的效果。

1. 凝胶的防灭火特性

凝胶防灭火技术作为矿井火灾的防治技术之一,依靠其独有的自身特点在防治"综采面""综放面"的特殊区域火灾上有明显的优点,总结起来主要有以下四点。

（1）凝胶易将流动的水分子固定起来，胶体中90%（质量分数）左右是水，从而充分发挥了水的防灭火作用。成胶前液态的溶液能渗入煤体的裂隙和微小孔隙中，成胶后就堵塞了这些空隙和裂隙，与煤体一起形成一个凝胶整体，封堵煤的裂隙及采空区的漏风通道，使氧分子无法进入煤体的内部。

（2）胶体能在煤的表面形成一层保护凝胶层，隔绝煤氧结合，其水蒸发形成的水蒸气，也使采空区氧气浓度降低，减少了煤与氧分子的接触机会。

（3）凝胶具有很高的热稳定性，在高温下胶体仍有很好的完整性而不破灭。

（4）凝胶具有很好的阻化性能，促凝剂和基料本身就是一种很好的阻化剂，能够阻止煤的自燃，所以起到了一般阻化剂的阻化效果。此外，成胶时间可以控制。可以根据不同的发火情况和现场使用的工艺设备，调节其促凝剂和基料的比例从而控制凝胶的成胶时间。

综上所述，可用八个字来概括凝胶防灭火特性：固水、隔氧、耐热、阻化。

2. 材料选取的原则

用于防治矿井火灾的凝胶目前较多，但是不同的矿井对材料又有不同的要求。根据煤矿火灾的特点，矿井防灭火凝胶材料的选择应遵从以下原则。

（1）无毒无害，对井下工作人员的身体健康没有危害，对设备无腐蚀，对井下环境无污染。

（2）价格低廉，工艺设备简单。防灭火材料要有经济实用性，同时受到井下特定工作环境的限制，要求工艺设备简单，便于在矿井下现场应用。

（3）要有良好的堵漏性。将氧气进入煤层的通道堵塞后，就会大大降低其空间氧气的浓度，同时，外界的氧气很难进入采空区。

（4）具有渗透性好的性能。要能够很容易地进入松散煤体的内部，从而与煤体形成一有机的整体，使氧分子很难进入煤体内部。

（5）要有良好的耐高温性能。由于在煤炭自燃的区域，往往有很高的温度，因此材料在高温下不分解，保持原有的特性，才能充分发挥其防灭火效果。

（6）吸热性能好。材料应该具有高的比热容，这样就能加速高温煤层温度的降低。

3. 技术参数和性质

1）成胶时间

矿井灭火一般选择成胶体的时间在几十秒到十分钟之间的成胶原料,根据不同的使用条件,要求胶体有不同的成胶时间。用于封闭堵漏和扑灭高温火源点,其成胶时间应控制在混合液体喷出枪头 30 s 内;用于阻化浮煤自燃成胶时间应控制在混合液体喷出枪头 5~10 min。

2）固水性

胶体都有固水性,能够使一定量的水固定在胶体网状结构骨架中失去流动性。不同的胶体,固水的能力不同。例如:硅酸凝胶可以把90%以上的水固定在其网状结构中,失去流动性。一般来讲,胶体的固水量都在80%以上。胶体能够利用固定在其内的大量水分,充分发挥水灭火的特性,不仅如此,由于固定水失去了流动性,因而可向高空堆积,扑灭巷道及工作面顶部等高处的火灾。

3）耐压性

凝胶灭火的一个重要的指标是其堵漏性。胶体的耐压性对堵漏的效果有很大的影响。胶体的强度越大,能够承受的漏风压力越大,堵漏效果也越明显。耐压性与基料浓度的关系为:基料浓度越大,耐压越高。一般来讲,基料在常用浓度下,胶体厚度达到 3 cm,就可耐风压 2 942 Pa。

凝胶在现场的实际使用中,对于松散煤体,由于空隙的直径较小,一般的胶体可以起到堵漏的效果,但是在一些顶部的高冒区或大的空洞里,如果向其内部注入凝胶,由于自身重力大于其支撑力,容易引起胶体的破裂,此时需要对胶体进行增强。常用的增强材料有黄土、粉煤灰和黏土矿物。

4）渗透性

在矿井灭火过程中,需把胶体注入发火的煤体里。着火的煤体常为破碎的松散煤体,它实际上是包含了大量空隙和裂隙的多孔介质。渗透性是多孔介质传导流体的性能,其数值的大小不仅与骨架的性质(颗粒成分、分布、大小、充填)有关,还与流体的性质有关。试验证明,当胶体的浓度为2%时,胶体的屈服值大于其自身的重力,所以可滞留在煤层中。

.5）吸热性

胶体的主要成分是水,水的比热容很大,因此水温的升高可以吸收大量的热能,从而降低煤层内部温度。煤的燃烧进入了高温阶段后,胶体中的水分汽化又能吸收大量的热能。可以计算,基料浓度为 6% 时,1 m³ 胶体汽化后吸收热量为 $4×10^4$ kJ[226]。

6）耐高温

由于凝胶内固化有大量的水,高温下的胶体中的水分缓慢蒸发,因此胶体内部温度不会升到很高,也就是说凝胶在高温下不会迅速汽化。

此外,凝胶防灭火技术还具有材料来源广泛、灭火工艺相对简单等特点。

4. 技术工艺

根据矿井具体条件和不同用途,可采用不同的工艺。凝胶是由基料 A 和促凝剂 B 与水 W 按一定比例混合均匀而成,采用的工艺有如下几种。

1）单液箱式注胶系统

该工艺如图 6-38 所示。先把 B 与 W 混合均匀,再把 A 加入,混合均匀。然后用泵在混合液成胶前运至使用地点成胶。该工艺适用于成胶时间较长,用量不太大的地点,可采用静压或泥浆泵输送胶体。对火区密闭巷道的充填,也可用该工艺。工艺缺点是不能连续运行。

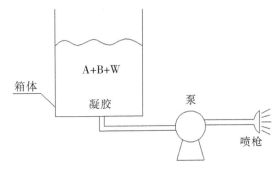

图 6-38　单液箱式系统

2）双箱双泵注胶系统

双箱双泵工艺系统如图 6-39 所示。在该工艺系统中,把基料 A 和促凝剂 B 按一定比例与水在矿车（或水箱）内搅拌均匀,然后同时启动两台泵。经两泵抽出的 A 液体和 B 液体在混合器内混合后,由胶管输送到注胶钻孔,待两种溶液输送完后,用清水稍冲洗泵和管路,重新配制。实践证明,此种注胶工艺简单易行,胶体质量稳定。但配料要求严格,而且两台泵的压力和流量要相同,保证注胶配比均匀,否则将发生胶体凝结堵泵堵管现象(停泵前一定要用清水冲洗泵和管路)。

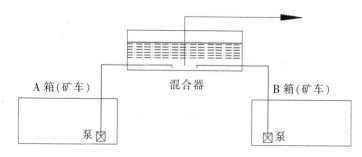

图 6-39　双箱双泵系统

3) 井下移动式注胶系统

当井下出现局部高温区或火点时,需要轻便灵活的注胶设备及工艺。井下轻便移动式注胶工艺主要是通过多功能胶体压注机把各种胶体材料按比例混合、搅拌,输送到火源点。该工艺使用方便灵活,对于局部火区、高温区可进行快速有效处理,如图 6-40 所示。移动式注胶系统通常注胶的流量不大,因此,对于大面积高温火区来说,该工艺系统不能及时快速解决。

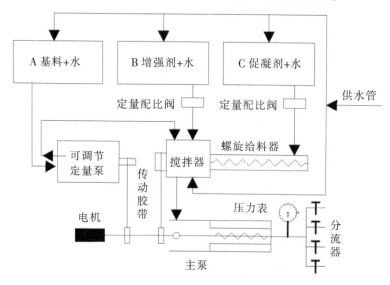

图 6-40　井下移动式注胶系统原理图

井下移动式注胶系统的应用主体是移动式胶体压注系统,该系统把基料、促凝剂以及增强剂和水按比例混合,并压注进入松散煤体中。现场应用的井下移动式注胶系统主要有间歇式注胶系统、连续式注胶系统、定量配比泵注胶系统和全自动或半自动定量配比注胶系统等。

5. 适用范围及注意事项

凝胶对于高位火点的防治有较好的作用。如高温点发生在上部的裂隙中,用一般的防灭火技术难以奏效,采用注凝胶方式,可使凝胶在上部的裂隙中堆积,堵塞漏风通道,起到防灭火作用。对于底部的煤炭自燃点,则采用注水、黄泥或粉煤灰浆均能起到很好的作用,浆体的灭火性能会更好,因为浆体的流动性好,只要知道明确的火源,注入的浆体能够到达火源点,最好采用一般注浆方法。此外,凝胶防灭火的设备操作相对简单,但对现场人员配料有较高的要求,一般无机凝胶材料的配比:基料的使用量为浆量的7%~10%,促凝剂为5%~6%,正确掌握其配比,是保证凝胶防灭火技术效果的关键。

6. 应用实例

现以枣庄柴里煤矿2321工作面防灭火[13]工作为例,来具体介绍凝胶防灭火的现场应用情况。

该工作面为高档普采工作面,开采煤层气煤,煤层瓦斯含量低,煤层有爆炸危险性和自然发火倾向,巷道布置如图6-41所示。

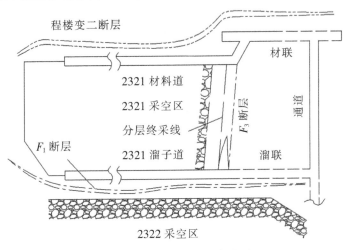

图6-41 2321工作面布置图

该工作面一分层于 1993 年 8 月开采,1994 年 2 月停采。开采期间,工作面采用单体液压支柱,铰接顶梁、金属菱形网漫顶支护方式,溜子道进风,材料道回风,进风量为 450 m³/min。2321 两巷于 1994 年 4 月开始掘进,采用局部通风机通风。由于停采线垮落不实,造成停采线处漏风,漏风量高达 200 m³/min 左右,封堵工作也十分困难。当二分层溜子道掘至 450 m、材料道掘进至 550 m 时在材料道停采线附近巷道顶板上出现 CO 和少量的烟雾,继而在溜子道停采线处发现明火。

为了消灭此次火灾,采取了一边由救护队员直接灭火控制火势,一边以常规打钻注浆为主的灭火措施。共施工钻孔 200 余个,累计进尺 2 500 m,注浆注水 10 000 m³,但由于钻孔深度不够、浆水扩散面积有限,灭火效果较差,随后又在停采线外侧新掘进了 120 m 长的灭火巷,在灭火巷内向一分层停采线及火点打钻注水、注浆,后期注凝胶。

1)注凝胶工艺系统

采用如图 6-39 所示的双箱双泵工艺系统。该注胶方式简单易行,胶体质量稳定。但配料要求严格,而且两台污水泵压力和流量必须相同,以保证注胶配比均匀,否则将发生胶体凝结堵管现象(停泵前一定要用少量清水冲洗泵和管路)。

2)注凝胶工艺参数

(1)注凝胶范围、凝胶量。根据 2321 工作面现场火灾情况分析认为,注凝胶范围应在溜子道停采线里长 30 m,宽 10 m 范围内。根据采空区压实程度,确定注胶量为 150 m³。

(2)凝胶配料。根据流量和输送管路长短及采空区空隙率,选用成胶时间为 3~4 min。考虑到用于停采线附近采空区浮煤自燃和堵漏的双重作用,采用基料为 7% 左右的配方,具体为:A、B 箱中各加水约 800 kg,在 A 箱里加基料 136 kg,在 B 箱里加促凝剂 60 kg,搅拌均匀。边远钻孔和采空区深部注凝胶时,为使混合液在采空区渗透更大的范围,选用了 6~7 min 成胶,B 箱里加促凝剂 50 kg。

(3)钻孔分布。在 2321 溜子道和防火巷注胶时,利用前期的注浆钻孔,由停采线外侧沿溜子道向里依次注胶,每次注 4~6 个钻孔。根据钻孔的布置密度和凝胶范围,要保证每个钻孔注胶量不小于 1~2 m³。注凝胶钻孔布置如图 6-42 所示。

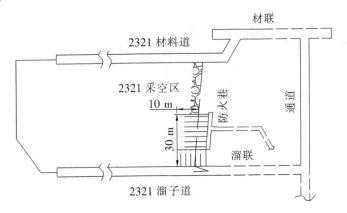

图 6-42　注凝胶钻孔布置图

3)应用效果

1994 年 12 月至 1995 年 1 月,先后在 2321 溜子道、防火巷注凝胶 100 余个孔,注凝胶 120 m³。首次注胶后,监测取样点的 CO 深度逐渐下降,直到下降为零;回风流温度由注胶前的 29℃降到 24℃。在正常供风条件下,加强监测,自注凝胶后从未查到 CO 气体成分。1995 年 2 月恢复了正常掘进生产,达到了较为理想的防治效果。

第七章 煤矿现场防灭火系统安全检查要点及检查表

第一节 矿井防灭火系统现场检查程序

矿井防灭火系统现场检查程序按图 7-1 进行。图 7-1 中把全矿矿井防灭火分成两部分来检查,第一部分是外因火灾,第二部分是矿井自然发火(内因火灾);由于在内,外因火灾中各矿技术措施采用的方法不同,本图只列出了主要的项目,阻化剂防灭火、炉烟灭火等没有列出。

第二节 防灭火系统检查要点

一、防灭火管理的检查

(1)生产和在建矿井必须制订井上下防火措施,并且要明确建立矿井防灭火责任制度,加强领导,严格管理,防止和杜绝矿井火灾。

(2)井口房和通风机房 20 m 内不得有烟火或用火炉取暖。井下和井口房内不得从事电焊、气焊和喷灯焊接等工作。

(3)井下使用的汽油、煤油和变压器油必须装入盖严的铁桶内,由专人押运送至使用地点,剩余的上述油品必须运回地面,严禁在井下存放。井下使用的润滑油、棉纱、布头和纸等,必须存放在盖严的铁桶内,用过的上述物品也必

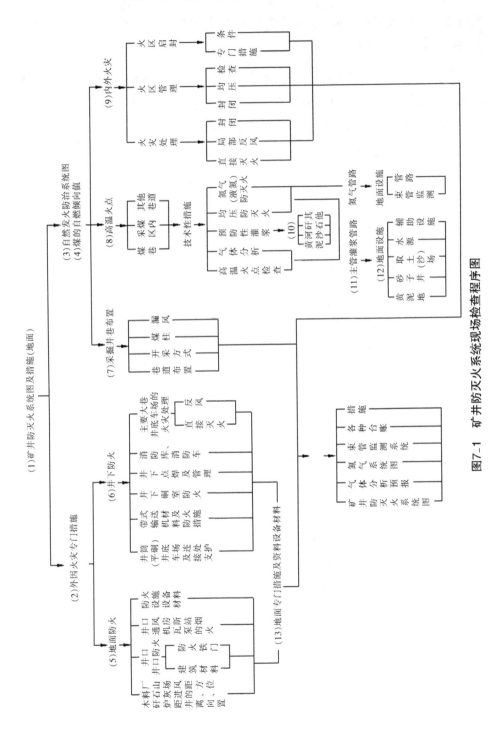

图7-1 矿井防灭火系统现场检查程序图

须放在盖严的铁桶内,并由专人定期送到地面处理,不得乱放乱扔。严禁将剩油、废油泼洒在井巷和硐室内。

(4)井下爆炸材料库,机电设备硐室,检修硐室、材料库,井底车场,使用带式输送机或液力联轴器的巷道以及采掘工作面附近的巷道中,应备有灭火器材,其数量、规格和存放地点,应在灾害预防和处理计划中确定。井下工作人员必须熟悉灭火器材的使用方法,并熟悉本职工作区域内灭火器材的存放地点。

(5)采煤工作面回采结束后,必须在 45 d 内撤出一切设备、材料,并进行永久性封闭。封闭的墙体厚度、刻槽深度、气密性应符合要求。

二、井下消防系统检查

(1)矿井必须设地面消防水池和井下消防管路系统。

(2)水池容量 $V \geqslant 200$ m³,管路敷设符合要求。

(3)井筒、平硐与各水平的连接处,井底车场,井下机电硐室,主要巷道内带式输送机机头前后各 20 m 内用不燃性材料支护。

三、煤的自然发火检查

(1)必须制订自然发火的预测预报制度和防治自然发火的专门措施;采掘作业规程必须有防止自然发火的专门措施,开采容易自燃和自燃的煤层(薄煤层除外),采煤工作面必须用后退式开采。建立防灭火"人、材、物"的消耗台账,分析总结煤层自然发火的经验教训,提出防范措施。

(2)开采容易自燃和自燃的煤层的矿井,应按规定装备移动防灭火设备和相应的管路。矿井无发火史,必须经省(区、市)煤炭行业管理部门批准,可以不建立防灭火系统。

(3)开采自然发火的煤层,均要开展自然火灾的预测预报和火灾隐患排查,每周至少一次。观测地点:采区防火墙、采煤工作面上隅角及回风巷,其他可能发热地点。观测内容:气体成分、气温、水温等。并有防灭火检查记录。

（4）消除采空区密闭内及其他地点超过35℃的高温点及CO超限点（火区密闭内除外）。严禁CO超限作业。

四、井下火区检查

（1）每一处火区都必须建立符合《规程》的火区管理卡片，绘制火区位置关系图。火区的管理应按公司（矿）批准的措施执行，并遵守《规程》的有关规定。启封火区要有计划和经批准的措施。

（2）井下每个生产水平必须设立消防材料库，并备有足够的消防器材，器材品种、数量均符合规定。

第三节 煤矿现场防灭火系统安全管理检查表

煤矿现场防灭火系统安全管理检查表如表7-1所示。

表7-1 煤矿现场防灭火系统安全管理检查表

序号	项目	检查内容	检查主要资料及方法	检查依据
1	消防管路系统	矿井必须设置符合规定的地面消防水池和井下消防管路系统	井下消防管路系统图。现场抽查	《煤矿安全规程》（原国家安全监管总局令第87号）第二百四十九条
2	防火措施	必须制订井上、下防火措施。煤矿的所有地面建（构）筑物、煤堆、矸石山、木料场等处的防火措施和制度，必须遵守国家有关防火的规定	防火措施，防火制度。现场抽查	《煤矿安全规程》（原国家安全监管总局令第87号）第二百四十六条

序号	项目	检查内容	检查主要资料及方法	检查依据
3	主要场所防火	木料场、矸石山等堆放场距离进风井口不得小于 80 m。木料场距离矸石山不得小于 50 m	防火措施,防火制度。现场抽查	《煤矿安全规程》(原国家安全监管总局令第 87 号)第二百四十七条
		新建矿井的永久井架和井口房、以井口为中心的联合建筑,必须用不燃性材料建筑		《煤矿安全规程》(原国家安全监管总局令第 87 号)第二百四十八条
		进风井口应装设防火铁门,防火铁门必须严密并易于关闭,打开时不妨碍提升、运输和人员通行,并应定期维修;如果不设防火门,必须有防止烟火进入矿井的安全措施		《煤矿安全规程》(原国家安全监管总局令第 87 号)第二百五十条
		井口房和通风机房附近 20 m 内,不得有烟火或用火炉取暖。通风机房位于工业广场以外时,除开采有瓦斯喷出的矿井和突出矿井外,可用隔焰式火炉或防爆式电热器取暖。暖风道和压入式通风的风硐用不燃性材料砌筑,至少装设 2 道防火门		《煤矿安全规程》(原国家安全监管总局令第 87 号)第二百五十一条
4	烧焊管理	井下和井口房内不得进行电焊、气焊和喷灯焊接等作业。如果必须在井下主要硐室、主要进风井巷和井口房内进行电焊、气焊和喷灯焊接等工作,每次必须制订安全措施,由矿长批准。安全措施内容符合规程要求	烧焊安全措施,通风系统图,调度记录,突出矿井烧焊时间段生产记录,参加烧焊人员入井位置监测记录。现场核查	《煤矿安全规程》(原国家安全监管总局令第 87 号)第二百五十四条

序号	项目	检查内容	检查主要资料及方法	检查依据
5	消防材料库	井上、下必须按规定设置消防材料库,消防材料配备符合规定	防火措施,材料配备计划,实际配备清单。现场抽查	《煤矿安全规程》(原国家安全监管总局令第87号)第二百五十六条
6	井下灭火器材配备	井下爆炸物品库、机电设备硐室、检修硐室、材料库、井底车场、使用带式输送机或者液力联轴器的巷道以及采掘工作面附近的巷道中,必须备有灭火器材,其数量、规格和存放地点,应当在灾害预防和处理计划中确定	防火措施,灾害预防与处理计划。现场抽查	《煤矿安全规程》(原国家安全监管总局令第87号)第二百五十七条
7	防火高分子材料评估、使用	矿井防灭火使用的高分子材料,应当对其安全性和环保性进行评估,并制订安全监测制度和防范措施。使用时,井巷空气成分必须符合规定	防灭火设计,安全措施,评估结果,检测气体成分仪器。现场核查	《煤矿安全规程》(原国家安全监管总局令第87号)第二百五十九条
8	自燃倾向性鉴定	按规定对所有煤层自燃倾向性进行鉴定,并将鉴定结果报省级煤炭行业管理部门及省级煤矿安全监察机构	煤层综合柱状图,地质说明书,鉴定资料。现场抽查	《煤矿安全规程》(原国家安全监管总局令第87号)第二百六十条
9	防灭火专项设计	开采容易自燃和自燃煤层的矿井,必须编制矿井防灭火专项设计,采取综合预防煤层自然发火的措施	防灭火专项设计,采掘工程平面图,通风系统图,防火注浆管路系统图,作业规程。现场抽查	《煤矿安全规程》(原国家安全监管总局令第87号)第二百六十条
10	自然发火监测与预报	开采容易自燃和自燃煤层时,必须开展自然发火监测工作,建立自然发火监测系统,确定煤层自然发火标志气体及临界值,健全自然发火预测预报及管理制度	监测系统,自然发火预测预报制度,安全监控系统记录,气体分析记录。现场抽查	《煤矿安全规程》(原国家安全监管总局令第87号)第二百六十一条

序号	项目	检查内容	检查主要资料及方法	检查依据
11	防治自然发火技术措施	开采容易自燃和自燃煤层时,必须制订防治采空区(特别是工作面始采线、终采线、上下煤柱线和三角点)、巷道高冒区、煤柱破坏区自然发火的技术措施	防火技术措施,采掘工程平面图,作业规程。现场抽查	《煤矿安全规程》(原国家安全监管总局令第87号)第二百六十五条
12	灌浆防灭火技术措施	采用灌浆防灭火时,采(盘)区设计应当明确规定巷道布置方式、隔离煤柱尺寸、灌浆系统、疏水系统、预筑防火墙的位置以及采掘顺序;安排生产计划时,应当同时安排防火灌浆计划,落实灌浆地点、时间、进度、灌浆浓度和灌浆量;对采(盘)区始采线、终采线、上下煤柱线内的采空区,应当加强防火灌浆;应当有灌浆前疏水和灌浆后防止溃浆、透水的措施;填绘反映实际情况的防火注浆管路系统图	防灭火设计及措施,防火注浆管路系统图,生产计划,灌浆量记录。现场抽查	《煤矿安全规程》(原国家安全监管总局令第87号)第二百六十六条
13	氮气防灭火技术措施	采用氮气防灭火时,注入的氮气浓度不小于97%;至少有1套专用的氮气输送管路系统及其附属安全设施;有能连续监测采空区气体成分变化的监测系统;有固定或者移动的温度观测站(点)和监测手段;有专人定期进行检测、分析和整理有关记录、发现问题及时报告处理等规章制度	防灭火设计及措施,注氮记录,注氮系统,气体成分监测、分析记录。现场抽查	《煤矿安全规程》(原国家安全监管总局令第87号)第二百七十一条
14	阻化剂防灭火技术措施	采用阻化剂防灭火时,必须在设计中对阻化剂的种类和数量、阻化效果等主要参数作出明确规定;应当采取防止阻化剂腐蚀机械设备、支架等金属构件的措施	防灭火设计及措施。现场抽查	《煤矿安全规程》(原国家安全监管总局令第87号)第二百六十八条

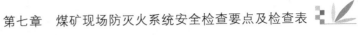

续表

序号	项目	检查内容	检查主要资料及方法	检查依据
15	凝胶防灭火	采用凝胶防灭火时,编制的设计中应当明确规定凝胶的配方、促凝时间和压注量等参数。压注的凝胶必须充填满全部空间,其外表面应当喷浆封闭,并定期观测,发现老化、干裂时重新压注	防灭火设计及措施。现场抽查	《煤矿安全规程》(原国家安全监管总局令第87号)第二百六十九条
16	均压技术防灭火	采用均压技术防灭火时,有完整的区域风压和风阻资料以及完善的检测手段;有专人定期观测与分析采空区和火区的漏风量、漏风方向、空气温度、防火墙内外空气压差等状况,并记录在专用的防火记录簿内;改变矿井通风方式、主要通风机工况以及井下通风系统时,对均压地点的均压状况必须及时进行调整,保证均压状态的稳定;经常检查均压区域内的巷道中风流流动状态,并有防止瓦斯积聚的安全措施	防火技术措施,观测分析记录。现场抽查	《煤矿安全规程》(原国家安全监管总局令第87号)第二百七十条

参考文献

[1] 李洪言,赵朔,林傲丹,等. 2019 年全球能源供需分析——基于《BP 世界能源统计年鉴(2020)》[J]. 天然气与石油,2020,38(06):122-130.

[2] 国家统计局. 中华人民共和国 2020 年国民经济和社会发展统计公报[N]. 人民日报,2021-02-28.

[3] 何满潮,谢和平,彭苏萍,等. 深部开采岩体力学研究[J]. 岩石力学与工程学报,2005(16):2803-2813.

[4] 王嘉瑞. 煤矿深部开采软岩巷道支护技术研究[D]. 昆明:昆明理工大学,2016.

[5] 齐庆新,潘一山,舒龙勇,等. 煤矿深部开采煤岩动力灾害多尺度分源防控理论与技术架构[J]. 煤炭学报,2018,43(07):1801-1810.

[6] 周福宝. 瓦斯与煤自燃共存研究(Ⅰ):致灾机理[J]. 煤炭学报,2012,37(05):843-849.

[7] 周福宝,夏同强,史波波. 瓦斯与煤自燃共存研究(Ⅱ):防治新技术[J]. 煤炭学报,2013,38(03):353-360.

[8] QIN B,LI L,MA D,et al. Control technology for the avoidance of the simultaneous occurrence of a methane explosion and spontaneous coal combustion in a coal mine:a case study[J]. Process Safety and Environmental Protection,2016,103:203-211.

[9] 李宗翔. 高瓦斯易自燃采空区瓦斯与自燃耦合研究[D]. 阜新:辽宁工程技术大学,2007.

[10] 常绪华. 采空区煤自燃诱发瓦斯燃烧(爆炸)规律及防治研究[D]. 徐州:中国矿业大学,2013.

[11] 曹鹏. 天池煤矿高瓦斯自燃煤层孤岛工作面防灭火研究[D]. 阜新:辽宁工程

技术大学,2011.

[12]衣刚.大兴矿 N_2-706工作面采空区瓦斯与自燃灾害耦合研究[D].阜新:辽宁工程技术大学,2013.

[13]余陶.采空区瓦斯与煤自燃复合灾害防治机理与技术研究[D].北京:中国科学技术大学,2014.

[14]XIA T,ZHOU F,WANG X,et al.Safety evaluation of combustion-prone longwall mining gobs induced by gas extraction:a simulation study[J].Process Safety and Environmental Protection,2017,109:677-687.

[15]郑晓明.煤矿开采引起的采空区瓦斯与煤自燃共生灾害研究[J].内蒙古煤炭经济,2018(12):99-100.

[16]段中渊.采空区瓦斯与煤自燃复合灾害防治机理与技术研究[J].石化技术,2019,26(08):49-50.

[17]樊世星.高瓦斯易自燃采空区瓦斯与遗煤自燃共生灾害研究[D].合肥:安徽建筑大学,2016.

[18]范会峰.易自燃孤岛小煤柱综放工作面防灭火技术[J].中国科技信息,2018(19):74-76.

[19]黄显华.易自燃煤层残留煤柱开采防灭火技术研究[D].北京:中国矿业大学,2015.

[20]贾秀波.沿空小煤柱工作面自然发火综合治理技术研究与实践[J].山东煤炭科技,2014(5):58-60.

[21]李层林.自燃煤层窄煤柱综采工作面综合防灭火技术[J].淮南职业技术学院学报,2009,9(01):7-9.

[22]刘伟东,刘玉旺.小煤柱沿空送巷技术在软岩矿井中的应用[J].煤炭技术,2004,23(9):114-115.

[23]王博.复杂条件下小煤柱动压巷道围岩控制技术研究[J].煤炭与化工,2018,41(10):15-17,22.

[24]于涛.石炭系小煤柱掘进工作面巷道及相邻采空区防灭火技术[J].煤炭技术,

2020,39(1):141-144.

[25]史美静.固体泡沫封堵材料特性实验研究[D].阜新:辽宁工程技术大学,2012.

[26]刘鑫.矿井防灭火膨胀充填材料研究及应用[D].西安:西安科技大学,2015.

[27]赵春瑞.矿用新型胶体防灭火材料的制备及其性能实验研究[D].太原:太原理工大学,2016.

[28]王楠.煤自然发火胶体防灭火材料性能实验研究[D].西安:西安科技大学,2011.

[29]李胜.新型防灭火封堵材料——固体泡沫特性参数实验研究[D].阜新:辽宁工程技术大学,2009.

[30]海林鹏.大采高综放面沿空掘巷围岩控制研究[D].焦作:河南理工大学,2017.

[31]暴雪峰.煤柱宽度对煤巷稳定性的影响[J].西部探矿工程,2021,33(04):162-165.

[32]常啸,崔增斌.巷旁煤柱留设宽度对巷道底鼓及破坏形式的作用分析[J].山西冶金,2021,44(01):69-71.

[33]李海洋.小煤柱沿空留巷围岩控制应用研究[J].山东煤炭科技,2021,39(01):88-90.

[34]彭林军,宋振骐,周光华,等.大采高综放动压巷道窄煤柱沿空掘巷围岩控制研究[J].煤炭科学技术,2021:1-13.

[35]石崇,杨文坤,沈俊良,等.动压巷道区段煤柱合理留设宽度研究[J].煤炭科学技术,2019,47(07):108-114.

[36]张蓓.厚层放顶煤小煤柱沿空巷道采动影响段围岩变形机理与强化控制技术研究[D].徐州:中国矿业大学,2015.

[37]张毅,曹蓓.煤厚变异区内煤柱宽度留设对围岩稳定性的影响分析[J].煤,2020,29(12):66-68.

[38]赵海兵,孙文忠.特厚煤层综放面沿空掘巷小煤柱合理宽度留设研究[J].山西焦煤科技,2020,44(08):18-22.

[39]赵启峰,田多,李万名,等.动压巷道煤柱载荷特征及其对围岩应力的影响[J].

矿业安全与环保,2012,39(01):20-22.

[40]郑西贵,姚志刚,张农.掘采全过程沿空掘巷小煤柱应力分布研究[J].采矿与安全工程学报,2012,29(04):459-465.

[41]李新跃.小煤柱渐进弱化破坏规律及控制技术研究[D].徐州:中国矿业大学,2020.

[42]王卫军,侯朝炯,柏建彪,等.综放沿空巷道顶煤受力变形分析[J].岩土工程学报,2001,23(2):209-211.

[43]马平原.东怀煤矿沿空掘巷小煤柱合理宽度及支护技术研究[D].湘潭:湖南科技大学,2014.

[44]LISTAK J M,CHEKAN G J.Multiple-seam long wall gate road pillar design using modeling techniques[J].New Technol Mine Health Safe,1992,36(148):249-261.

[45]WHITTAKER B N,SINGH R N.Desigan and stability of pillar longwall[J].Mining Engineer London,1979,139(124):59-73.

[46]秦永洋,许少东,杨张杰.深井沿空掘巷煤柱合理宽度确定及支护参数优化[J].煤炭科学技术,2010,38(2):15-18.

[47]柏建彪,侯朝炯,黄汉富.沿空掘巷窄煤柱稳定性数值模拟研究[J].岩石力学与工程学报,2004(20):3475-3479.

[48]祁瑞芳.新奥法与我国地下工程[J].哈尔滨建筑工程学院学报,1987(02):119-126.

[49]DIADKIN,BORISOV.Rock mechanics problems of underground excavations[J].Report.In Advances in Rock Mechanics V1,Part B,1974,26(141):143-399.

[50]D.S B G,O.D.Conelusions from strata mechanies investigations condueted by Card iff and strathely deuni-versity at long wall face[J].1982,142(246):539-546.

[51]赵国贞,马占国,马继刚,等.复杂条件下小煤柱动压巷道变形控制研究[J].中国煤炭,2011,37(3):52-56.

[52]邓军,马威,张辛亥,等.基于流场模拟的复采工作面采空区自燃危险区域预测[J].煤矿安全,2010,41(12):10-13.

[53]裴晓东,张人伟,马伟南.高瓦斯易自燃采空区瓦斯与煤自燃耦合模拟研究[J].煤炭科学技术,2016,44(04):73-77.

[54]裴晓东.采空区瓦斯与煤自燃共生灾害的实测分析与研究[J].煤炭技术,2014,33(09):57-59.

[55]秦永洋,许少东,杨张杰.深井沿空掘巷煤柱合理宽度确定及支护参数优化[J].煤炭科学技术,2010,38(2):15-18.

[56]柏建彪,侯朝炯,黄汉富.沿空掘巷窄煤柱稳定性数值模拟研究[J].岩石力学与工程学报,2004(20):3475-3479.

[57]L. V. RABCEWICZ. Constitutive relationship for plastic dilatancy due to weak intercalations in rockmasses[J]. Proceedings of the 26th Annual Conference of the Engineering Group of the Geological Society. Rotlerdam A A Balkema Press,1993:243-249.

[58]SALAMON MDG. Energy consideration in rock mechanics:fundamental results[J]. South Afrlnst Metall,1984,84(8):63-67.

[59]冯利民,周世轩.窄煤柱注浆加固技术研究及应用[J].煤炭技术,2014,33(08):81-84.

[60]李旭东.近距离外错布置巷道煤柱注浆加固技术应用[J].煤,2017,26(10):23-25.

[61]李勇.受采动影响护巷窄煤柱注浆加固技术研究[J].煤矿现代化,2019(04):69-71.

[62]刘学.某矿沿空掘巷护巷煤柱注浆加固技术实践[J].现代矿业,2020,36(02):195-196.

[63]乔越.综放面沿空护巷小煤柱注浆加固试验研究[J].煤矿现代化,2019(04):12-14.

[64]孙淼,孙泽东.深井沿空掘巷护巷煤柱注浆加固技术应用研究[J].煤,2018,27(11):9-11.

[65]温江龙.深井沿空掘巷护巷煤柱注浆加固技术应用研究[J].江西化工,2019

（03）:154-155.

[66]夏龙.窄煤柱注浆加固可行性研究[J].煤炭技术,2016,35(04):27-28.

[67]张文彬.综采工作面小煤柱注浆加固工艺及效果研究[J].煤炭工程,2018,50
（05）:64-67.

[68]徐向晨.长平煤矿Ⅲ4309工作面区段小煤柱注浆加固技术研究[D].阜新:辽
宁工程技术大学,2017.

[69]李春杰.小煤柱沿空掘巷注浆支护技术研究[J].能源技术与管理,2020,45
（3）:110-112.

[70]杨宗坡.沿空送巷小煤柱裸注加固支护技术探讨[J].煤炭技术,2020,39(1):
26-28.

[71]王德明.矿井防灭火新技术——三相泡沫[J].煤矿安全,2004(07):16-18.

[72]秦波涛,张雷林.防治煤炭自燃的多相凝胶泡沫制备实验研究[J].中南大学学
报(自然科学版),2013,44(11):4652-4657.

[73]马砺,任立峰,艾绍武,等.氯盐阻化剂对煤自燃极限参数影响的试验研究[J].
安全与环境学报,2015,15(04):83-88.

[74]邵昊,蒋曙光,吴征艳,等.二氧化碳和氮气对煤自燃性能影响的对比试验研究
[J].煤炭学报,2014,39(11):2244-2249.

[75]鲁义,陈立,邹芳芳,等.防控高温煤岩裂隙的膏体泡沫研制及应用[J].中国安
全生产科学技术,2017,13(04):70-75.

[76]刘海健.孙家沟煤矿小煤柱工作面采空区防灭火技术应用[J].石化技术,
2019,26(02):206-322.

[77]王成.羊场湾煤矿煤柱尺寸优化及防灭火技术研究[D].青岛:山东科技大
学,2018.

[78]杨正伟.水帘洞矿孤岛小煤柱综放面煤自燃防治技术研究[D].西安:西安科
技大学,2019.

[79]杜杰.防治煤层自燃的新型阻化剂的制备及性能研究[D].太原:太原理工大
学,2019.

[80]白子明.防治煤自燃的微胶囊化复合阻化剂研究[D].徐州:中国矿业大学,2019.

[81]王婕,张玉龙,王俊峰,等.无机盐类阻化剂和自由基捕获剂对煤自燃的协同抑制作用[J].煤炭学报,2020,45(12):4132-4143.

[82]赵雪琪.无机磷化合物对煤自燃的阻化作用研究[D].唐山:华北理工大学,2017.

[83]杨宗坡.沿空送巷小煤柱裸注加固支护技术探讨[J].煤炭科技,2020(01):26-28.

[84]崔传波.温敏胞衣阻化剂抑制煤自燃机理研究[D].徐州:中国矿业大学,2019.

[85]王烽.绿色环保型复合阻化剂抑制煤自燃实验研究[D].徐州:中国矿业大学,2018.

[86]吴青峰.五虎山矿采煤工作面瓦斯流场分布规律研究[J].中国矿山工程,2015,44(02):43-47.

[87]陈晖,兰波,张群.Fluent软件在煤矿瓦斯治理领域的应用[J].山东煤炭科技,2014(12):108-110.

[88]王文才,魏丁一,王振涛,等.基于Fluent的矿井活塞风动力效应研究[J].工业安全与环保,2017,43(09):29-31.

[89]张鑫文.基于Fluent的矿井通风系统气动噪声的研究[J].机械管理开发,2019,34(06):92-94.

[90]徐青云,张磊,陈连城.不连沟煤矿工作面煤层自燃"三带"观测与分析[J].煤炭与化工,2014,37(09):52-56.

[91]谢远辉,王海宁,张朝磊,等.基于FLUENT矿用局部通风机优化研究[J].矿山机械,2014,42(08):25-29.

[92]王政.九道岭矿采空区注 CO_2 防灭火数值模拟研究[D].阜新:辽宁工程技术大学,2017.

[93]邓权龙.矿井巷道火灾烟流数值模拟及安全区域划分[D].赣州:江西理工大学,2015.

［94］程攀.张集矿 1111 工作面高抽巷位置对工作面瓦斯治理效果的数值模拟研究［D］.太原:太原理工大学,2014.

［95］于亮.布尔台煤矿综掘工作面泡沫除尘的 FLUENT 模拟与试验［J］.陕西煤炭,2018,37(S1):44-48.

［96］李忠华.第四届煤矿采场矿压理论与实践讨论会［J］.煤炭学报,1988(01):84.

［97］平寿康.第二届煤矿采场矿压理论与实践讨论会［J］.煤炭学报,1983(04):92.

［98］张占荣.首届煤矿采场矿压理论讨论会胜利结束［J］.煤炭学报,1981(04):69.

［99］张飞,刘小超,李俊峰,等.永华一矿采场矿压理论研究与应用［J］.金属矿山,2013(04):46-48.

［100］国家安全生产监督管理总局,国家煤矿安全监察局,国家文物局.四部门联合印发《建筑物、水体、铁路及主要井巷煤柱留设与压煤开采规范》［J］.中国煤炭工业,2017(第8期):11-12.

［101］付田田,武光辉,许永刚,等.易自燃特厚煤层分层开采工作面自燃"三带"划分及防治措施［J］.煤矿安全,2015,46(03):126-129.

［102］陈晓坤,杨世潇,翟小伟,等.大采高综采面采空区自燃三带划分及危险性分析［J］.煤炭科学技术,2014,42(S1):94-96.

［103］谢军,薛生.综放采空区空间自燃三带划分指标及方法研究［J］.煤炭科学技术,2011,39(01):65-68.

［104］裴晓东,张人伟,杜高举,等.综放工作面采空区自燃"三带"划分的数值模拟:2008(沈阳)国际安全科学与技术学术研讨会［C］.沈阳,2008.

［105］周瑜苍,郭璋,李朝辉.特厚易自燃煤层综放工作面自燃"三带"划分及防灭火技术［J］.煤矿开采,2016,21(01):105-107.

［106］任卓晨.高瓦斯易自燃煤层采空区燃爆耦合灾害研究［D］.西安:西安科技大学,2017.

［107］桑乃文.东庞矿 21219 工作面瓦斯与煤自燃复合灾害防治技术优化模拟研究［D］.徐州:中国矿业大学,2020.

［108］连瑞锋.阳煤一矿综放面采空区复合灾害危险性评价及预防措施研究［D］.

徐州:中国矿业大学,2020.

[109]王好龙,张亚南,赵帅,等.平顶山矿区瓦斯分布规律及预测模型研究[J].矿业安全与环保,2015,42(04):33-36.

[110]周西华,门金龙,李诚玉,等.综放孤岛工作面采空区自燃与爆炸危险区监测及数值模拟[J].安全与环境学报,2016,16(01):24-28.

[111]WOODLEY J N L,OSBORNE B A. Mrde experience with pump packing[J]. Mining Engineer London,1980,140(231):437-443.

[112]CLARK C A,NEWSON S R. Review of monolithic pumped packing systems[J]. Mining Engineer London,1985,144(282):491-495.

[113]颜志平,漆泰岳,张连信,等.ZKD 高水速凝材料及其泵送充填技术的研究[J].煤炭学报,1997(03):48-53.

[114]杨胜强,钟演,夏春波,等.高水充填材料防灭火阻燃性能试验研究[J].煤炭科学技术,2017,45(01):78-83.

[115]段文超,冯光明,陈鸿旭,等.超高水材料在巷道防灭火中的应用[J].中国煤炭,2012,38(7):92-95.

[116]冯光明,贾凯军,尚宝宝.超高水充填材料在采矿工程中的应用与展望[J].煤炭科学技术,2015,43(1):5-9.

[117]崔坤伟.超高水材料矿井防灭火的研究[D].徐州:中国矿业大学,2016.

[118]邓敏,张自政,赵涛.高水无机材料防灭火性能影响因素研究与实践[J].中国安全生产科学技术,2020,16(10):102-107.

[119]NADKA T D,ROSSELLA A,CRISTIAN G,et al. Advanced ultra - high molecular weight polyethylene/antioxidant - functionalized carbon nanotubes nanocomposites with improved thermo - oxidative resistance[J]. Journal of Applied Polymer Science,2015,132(33).

[120]张会平.三叉结构受阻酚类抗氧剂的合成与性能研究[D].大庆:大庆石油学院,2008.

[121]杨锋,王志春,陈晓勇,等.复配型受阻酚类抗氧剂对聚甲醛的稳定作用[J].

塑料工业,2005(06):61-63.

[122]纪巍,王鉴,张学佳,等.受阻酚类抗氧剂的复配及发展方向[J].化学工业与工程技术,2007(02):34-38.

[123]位爱竹,李增华,杨永良.破碎、氧化和光照对煤中自由基的影响分析[J].湖南科技大学学报(自然科学版),2006(04):19-22.

[124]刘颖健.煤氧化过程中自由基-活性基团作用机理[D].唐山:华北理工大学,2016.

[125]朱令起,刘聪,王福生.煤自燃过程中自由基变化规律特性研究[J].煤炭科学技术,2016,44(10):44-47.

[126]艾晴雪.煤自燃过程活性基团与自由基反应特性研究[D].唐山:华北理工大学,2018.

[127]黄声和.基于量子化学和自由基温度煤自燃 CO 形成机理研究[J].电力科技与环保,2018,34(04):18-21.

[128]蒋孝元,杨胜强,周全超,等.低温氧化过程中氧浓度对煤体自由基反应特性的影响[J].煤矿安全,2020,51(08):37-42.

[129]TADYSZAK K,AUGUSTYNIAK-JABŁOKOW M A,WIĘCKOWSKI A B,et al. Origin of electron paramagnetic resonance signal in anthracite[J]. Carbon,2015, 94:53-59.

[130]郜孟南.基于自由基消减的煤自燃阻化剂及其阻化特性[D].徐州:中国矿业大学,2020.

[131]ZHILIN X,XIAODONG W,XIAOLI W,et al. Polymorphic foam clay for inhibiting the spontaneous combustion of coal[J]. Process Safety and Environmental Protection,2019,122.

[132]YONGSHENG L,XIANGMING H,WEIMIN C,et al. A novel high-toughness,organic/inorganic double-network fire-retardant gel for coal-seam with high ground temperature[J]. Fuel,2020,263.

[133]王婕,张玉龙,王俊峰,等.无机盐类阻化剂和自由基捕获剂对煤自燃的协同抑制作用[J].煤炭学报,2020,45(12):4132-4143.

[134]位爱竹.煤炭自燃自由基反应机理的实验研究[D].徐州:中国矿业大学,2008.

[135]李璐.煤中常见化学键的解离及分子结构的量子化学理论研究[D].大连:大连理工大学,2016.

[136]ZHILIN X,XIAODONG W,XIAOLI W,et al. Polymorphic foam clay for inhibiting the spontaneous combustion of coal[J]. Process Safety and Environmental Protection,2019,122:423-427.

[137]刘加勋.超细煤粉物化特性及其对 O_2/CO_2 分级燃烧 NO_x 排放的影响[D].哈尔滨:哈尔滨工业大学,2011.

[138]ZHOU B,LIU Q,SHI L,et al. Electron spin resonance studies of coals and coal conversion processes:a review[J]. Fuel Processing Technology,2019,188:212-227.

[139]王坤.煤氧化产物产热及官能团变化特性研究[D].北京:煤炭科学研究总院,2016.

[140]WEI F,LIAO J,CHANG L,et al. Transformation of functional groups during lignite heat-treatment and its effects on moisture re-adsorption properties[J]. Fuel Processing Technology,2019,192:210-219.

[141]HE X,LIU X,NIE B,et al. FTIR and Raman spectroscopy characterization of functional groups in various rank coals[J]. Fuel,2017,206:555-563.

[142]WANG K,DU F,WANG G. The influence of methane and CO_2 adsorption on the functional groups of coals:insights from a Fourier transform infrared investigation[J]. Journal of Natural Gas Science and Engineering,2017,45:358-367.

[143]DANG Y,ZHAO L,LU X,et al. Molecular simulation of CO_2/CH_4 adsorption in brown coal:effect of oxygen-,nitrogen-,and sulfur-containing functional groups[J]. Applied Surface Science,2017,423:33-42.

[144]李艳红,訾昌毓,常丽萍,等. 低阶煤中含氧官能团的测定[J]. 煤炭技术, 2018,37(09):366-369.

[145]张兰君,李增华,李金虎,等.煤表面含碳官能团低温氧化规律 XPS 技术研究 [J]. 煤炭技术,2016,35(6):226-228.

[146]王睿德.易自燃煤层采空区温度与 CO 特征及其预测研究[D].西安:西安科技大学,2018.

[147]余照阳.高瓦斯易自燃采空区流场特征及遗煤氧化特性研究[D].徐州:中国矿业大学,2018.

[148]DANG Y,ZHAO L,LU X,et al. Molecular simulation of CO_2/CH_4 adsorption in brown coal:Effect of oxygen-,nitrogen-,and sulfur-containing functional groups [J]. Applied Surface Science,2017,423:33-42.

[149]WANG K,DU F,WANG G. The influence of methane and CO_2 adsorption on the functional groups of coals:Insights from a Fourier transform infrared investigation [J]. Journal of Natural Gas Science and Engineering,2017,45:358-367.

[150]李艳红,訾昌毓,常丽萍,等.低阶煤中含氧官能团的测定[J].煤炭技术, 2018,37(09):366-369.

[151]GOGOI P K,LIN Y,SENGA R,et al. Layer rotation-angle-dependent excitonic absorption in van der Waals heterostructures revealed by electron energy loss spectroscopy[J]. ACS nano,2019,13(8):9541-9550.

[152]GUEVARA-BERTSCH M,RAMÍREZ-HIDALGO G,CHAVARRÍA-SIBAJA A,et al. Detection of the adsorption of water monolayers through the ion oscillation frequency in the magnesium oxide lattice by means of low energy electron diffraction [J]. AIP Advances,2016,6(3):35317.

[153]GYNGARD F,STEINHAUSER M L. Biological explorations with nanoscale secondary ion mass spectrometry[J]. Journal of analytical atomic spectrometry,2019, 34(8):1534-1545.

[154]HADJI N. More Accurate formulas for determination of absolute atom concentra-

tion using electron energy-loss spectroscopy[J]. MICROSCOPY AND MICROA-NALYSIS,2016,22(6):1381-1388.

[155]LUISIER C,BAUMGARTNER L,SIRON G,et al. H_2O Content measurement in phengite by secondary ion mass spectrometry:a new set of reference materials [J]. Geostandards and Geoanalytical Research,2019,43(4):635-646.

[156]RAUSCH R,POTTHOFF M. Pump-probe Auger-electron spectroscopy of Mott insulators[J]. Physical review. B,2019,99(20).

[157]ALLISON G G,MORRIS C,HODGSON E,et al. Measurement of key compositional parameters in two species of energy grass by Fourier transform infrared spectroscopy[J]. Bioresource Technology,2009,100(24):6428-6433.

[158]LENSHIN A S,KASHKAROV V M,DOMASHEVSKAYA E P,et al. Investigations of the composition of macro-,micro- and nanoporous silicon surface by ultrasoft X-ray spectroscopy and X-ray photoelectron spectroscopy[J]. Applied Surface Science,2015,359:550-559.

[159]FOELSKE A,SAUER M. Probing the ionic liquid/semiconductor interfaces over macroscopic distances using X-ray photoelectron spectroscopy[J]. Electrochimica Acta,2019,319:456-461.

[160]AN Z,JIANG X,XIANG G,et al. A simple and practical method for determining iodine values of oils and fats by the FTIR spectrometer with an infrared quartz cuvette[J]. Analytical Methods,2017,24(9):3669-3674.

[161]MAHESH P,BISWADIP G,RAO P V N,et al. A new ground-based FTIR spectrometer reference site at Shadnagar (India) and preliminary columnar retrievals of CH_4 and N_2O [J]. International journal of remote sensing, 2017, 38 (14): 4033-4046.

[162]RAUSCH R,POTTHOFF M. Pump-probe Auger-electron spectroscopy of Mott insulators[J]. Physical review. B,2019,99(20):382-387.

[163]仲晓星.煤自燃倾向性的氧化动力学测试方法研究[D]. 徐州:中国矿业大

学,2008.

[164]张嬿妮.煤氧化自燃微观特征及其宏观表征研究[D].西安:西安科技大学,2012.

[165]杨漪.基于氧化特性的煤自燃阻化剂机理及性能研究[D].西安:西安科技大学,2015.

[166]王彩萍,邓军,王凯.不同煤阶煤氧化过程活性基团的红外光谱特征研究[J].西安科技大学学报,2016,36(03):320-323.

[167]王德明,王省身,李增华.用 SF_6 示踪气体测定停采线及上分层采空区的漏风[J].煤矿安全,1994(01):18-19.

[168]国家煤炭工业局行业管理司组.煤矿巷道用 SF_6 示踪气体检测漏风技术规范

[169]王德明.矿井通风与安全[M].徐州:中国矿业大学出版社,2007.

[170]鲍庆国,文虎,王秀林,等.煤自燃理论及防治技术[M].北京:煤炭工业出版社,2002.

[171]孟警战,王绪友.罗克休泡沫充填防漏风技术在煤矿中的应用[J].山东煤炭科技,2004.3:5-6.

[172]《煤矿矿井采矿设计手册》编写组.煤矿矿井采矿设计手册(下册)[M].北京:煤炭工业出版社,1984.

[173]煤矿注浆防灭火技术规范 MT/T702-1997.

[174]国家煤炭工业局行业管理司组编.煤矿巷道用 SF_6 示踪气体检测漏风技术规范(MT/T845-1999).

[175] WALTER B. Fighting mine fires with nitrogen in the Germany coal industry[J]. Mine Engineer,1981,140(296).

[176]陈作宾,张建勇.联邦德国煤矿防灭火技术(二)[J].煤炭工程师,1992.1.

[177] MORRIES R. A review of experiences on the use of inert gases in mine fire[J]. Mining Society Technology,1987,6(1).

[178]戚颖敏.矿井火灾防治技术的现代发展与应用[J].煤矿安全.1991(4):7-13.

[179]李学诚.中国煤矿安全大全[M].北京:煤炭工业出版社,1998.

[180]戚颖敏.煤矿安全手册·矿井防灭火[M].北京:煤炭工业出版社,1991.

[181] Walter Both. Fighting Mine Fires with Nitrogen in the Germany Coal Industry [J]. Mine Engineer,1981,140(296):325-331.

[182]煤矿用氮气防灭火技术规范. MT/T 701—1997.

[183]MORRIES. R. A review of experiences on the use of inert gases in mine fire[J]. Mining Society Technology,1987,6(1):427-436.

[184]何启林,郑旺来.注氮对综放面采空区内氧的浓度和"三带"宽度的影响[J]. 煤矿开采,2006,11(2):4-5,31.

[185]高广伟. 中国煤矿氮气防灭火的现状与未来[J]. 煤炭学报,1999,24(1): 48-50.

[186]吴宽和,徐承林.杜儿坪矿近距离煤层群采空区注氮防火技术[J].西山科技, 1993(3):7.

[187]无煤柱综放开采旁路式注氮防火技术[J].煤炭科学技术,1996,24(4):22-25,59.

[188]秦书玉,赵书田,张永吉.煤矿井下内因火灾防治技术[M].沈阳:东北大学出版社,1993.

[189]魏恒泰,陶云春.易燃厚煤层开采的防灭火技术与实践[M].徐州:中国矿业大学出版社,1996.

[190]王显政.煤矿安全新技术[M].北京:煤炭工业出版社,2002.

[191]章梦涛,潘一山,梁冰,等.煤岩流体力学[M].北京:科学出版社,1995.8.

[192]丁广骧.三维采空区内瓦斯、氮气的扩散运动及有限元解法[J].煤炭学报, 1996.8(4):411-414.

[193]李永植,张克法,王实生,等.无煤柱综放开采旁路式注氮防火技术.煤炭科学技术[J].1996.24(4):22-25,59

[194]从宝芝,纪忠.注氮在采空区浓度分布规律的试验研究[J].煤矿安全.1992 (11):10-11.

[195]井下移动式制氮防灭火课题组.利用井下移动式制氮装置防治特厚易燃煤层

采空区火灾技术的研究(鉴定资料).1998.

[196]煤矿用氮气防灭火技术规范.MT/T 701—1997.

[197]徐承林,李晖.用KYZD-800型大流量制氮设备扑灭综放面火灾的实践[J].矿业安全与环保,1999(6).

[198]煤矿防火用阻化剂通用技术条件.MT/T—1997.

[199]任伟.BRC阻化剂阻化防火机理的探讨[J].煤矿安全,1998(11):38-40.

[200]张如意.煤矿用防火材料及阻化剂[J].矿业安全与环保.1999(01):6-7.

[201]刘吉波.煤炭的阻燃机理分析和氯化盐类汽雾阻化剂的应用[J].华北科技学院学报,2002.4(2):8-10.

[202]周心权,方裕璋.矿井火灾防治(A类)[M].徐州:中国矿业大学出版社,2002.

[203]徐承林,李晖.用KYZD-800型大流量制氮设备扑灭综放面火灾的实践[J].矿业安全与环保,1999(6):47-48.

[204]石必明.易自燃煤低温氧化和阻化的微观结构分析[J].煤炭学报,2000,25(3):294-298.

[205]陆伟,王德明,陈舸,等.煤自燃阻化剂性能评价的程序升温氧化法研究[J].矿业安全与环保,2005,32(6):12-14.

[206]肖辉,杜翠凤.新型高聚物阻化剂的阻化效果研究[J].工业安全与环保,2006,32(3):6-8.

[207]蔡永乐.矿井内因火灾防治理论与实践[M].北京:煤炭工业出版社,2001.

[208]郭玉森.汽雾阻化防治工作面采空区煤炭自燃的实践[J].煤矿安全,2002,33(8):17-19.

[209]杨胜强,张人伟,邸志前,等.煤炭自燃及常用防灭火措施的阻燃机理分析[J].煤炭学报,1998,12(6):620-624.

[210]鲜学福,王宏图,姜德义,等.我国煤矿矿井防灭火技术研究综述[J].中国工程科学,2001,3(12):28-32.

[211]秦书玉,赵书田,张永吉.煤矿井下内因火灾防治技术[M].沈阳:东北大学出

版社,1993.

[212] YAEL M. Gel sealants for the mitigation of spontaneous heatings in coal mines report of investigations[J]. 1995 USBM RI9585.

[213] EVSEEV, V. New methods for the prevention of spontaneous fires in underground coal. Paper in proceedings of the 21ˢᵗ international conference of safety in mines research institutes[J]. Sydney Australia,1985(21-25):481-483.

[214] B. C. 耶夫谢叶夫等. 使用凝胶液防止煤的自燃[J]. 国外技术,1985(9):45-46.

[215]蒋仲安,杜翠凤,何理,等. 石灰凝胶阻化剂防灭火技术在高硫矿的应用研究[J]. 中国安全科学学报,2003,10(10):31-33.

[216]张人伟,李增华. 新型凝胶阻化剂的研究与应用[J]. 中国矿业大学学报,1995,24(4):46-51.

[217]徐精彩,邓军,文虎,等. 耐温高水胶体直接灭火技术在煤层自燃火灾中的应用[J]. 矿业安全与环保,2000,27(1):40-41.

[218]赵青云,徐精彩,张辛亥. 应用新型胶体防灭火技术防治煤层自燃火灾[J]. 西安科技学院学报,2000,20(增刊):43-45.

[219] 王德明,李增华,秦波涛,等. 一种防治矿井火灾的绿色环保新材料的研制[J]. 中国矿业大学学报,2004,33(2):205-208.

[220]范天吉. 矿井防灭火综合技术手册[M]. 长春:吉林音像出版社,2003.